最有梗的單位教室

公尺君與他的單位小夥伴

圖文 上谷夫婦・**監修** 日本產業技術綜合研究所 計量標準綜合中心・**譯** 李沛栩
審定 台北市龍山國中理化教師 鄭志鵬、新竹市光華國中生物教師 簡志祥

前言

大家好，我們是理科圖文作家上谷夫婦。

顧名思義，我們是夫妻兩人共同創作作品。（ｏｓ：是由前化妝品製造商研究員的丈夫與跟理科毫無關係的太太組合搭檔。本「前言」為丈夫所寫。）

本書是以「單位」為主題的漫畫，雖然內容是以輕鬆的漫畫呈現，但不要懷疑，我們是非常認真在介紹單位的。

所謂單位，眾所皆知指的就是公尺或公斤。「不過就是單位嘛？平常就在使用，誰不知道。」也許有人會這麼說。但是，你知道世界上有一種名為「國際單位制」的度量衡系統嗎？其中「單位的標準及定義」是由國際共同制定，並以七個基本單位為基礎。

這七個單位稱為「ＳＩ基本單位」，指的是：公尺（長度）、公斤（質量）、秒（時間）、燭光（發光強度）、莫耳（物質的量）、安培（電流）、克耳文（熱力學溫度）。本書將這七個「ＳＩ基本單位」擅自命名為「ＳＩ７」，並將其角色化（ｏｓ：說起來，本書中出現的單位都變成漫畫角色了）。

藉由單位變身為漫畫主角來介紹單位的故事，對於中小學生來說也能更輕鬆閱讀；透過此書來理解「單位」，或許能就此讓數理科目變成強項也說不定呢。此外，書中也有「閏秒存在的原因」、

「克耳文單位的由來」、「燭光的定義解說」等稍嫌深入的解說。因此，常常需要接觸單位的理科人士應該也能樂在其中。

本書的最後一章，是公尺君與夥伴們帶領大家參觀日本產業技術綜合研究所（通稱：產綜研）的漫畫。雖然前面曾經提到「單位的標準及定義是由國際共同制定」，但這個標準及定義，是會隨著科學技術的進步而更新的。每逢此時，代表日本參與國際討論的，就是產綜研的計量標準綜合中心的研究員們。同時，這個研究所也肩負著保管公尺原器等重要資產，以及進行最尖端的單位相關研究等任務。雖然所占篇幅不多，希望大家也能享受這部分的介紹。

非常感謝為此書擔任監修的產業技術綜合研究所計量標準綜合中心，特別是該中心的平井小姐、安田先生、藤井先生、山田先生、金子先生還幫忙寫了專欄，以及編輯小宮先生的協助，才能創作出如此愉快的作品。

單位總是理所當然運用在日常生活中，各位如能透過此書，感覺到蘊含在單位之中的歷史及科學技術就太好了。接下來，讓我們一起進入單位的世界吧！

上谷夫婦

單位這回事 目次

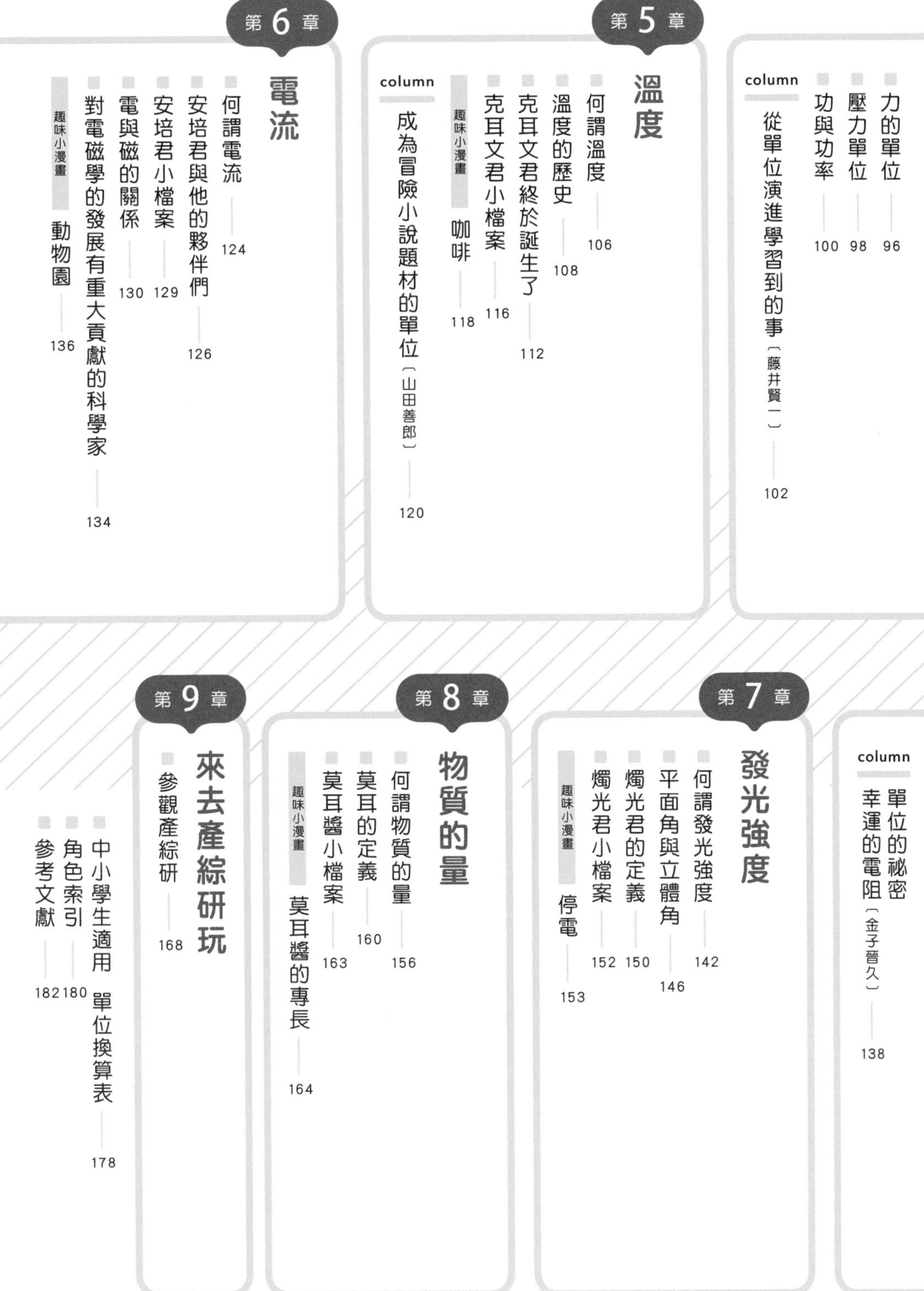

期待期待
kg
m
要開始囉～

第 1 章

單位是什麼？

SI7登場

距今數千年前，美索不達米亞文明鼎盛時期時，人類史上第一個長度單位誕生了！
要不要把手臂長度當作一個單位呢？
好耶！
名字就叫做cubit※如何？
人類史上第一個長度單位誕生了。
※意指肘（也稱為腕尺）

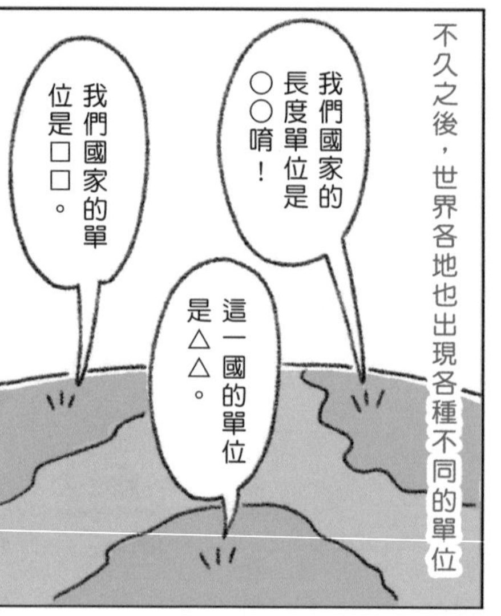
不久之後，世界各地也出現各種不同的單位
我們國家的長度單位是○○唷！
我們國家的單位是□□。
這一國的單位是△△。

但是，此時依然沒有全世界共通的單位，即便是同一個單位，在不同地區的長度也有微妙的差別。
這塊布料短了點吧？
這裡的1※cubit就這麼長呀！
是嗎～
※1cubit：約50cm

歲月流逝⋯
嘩！
漂流一⋯

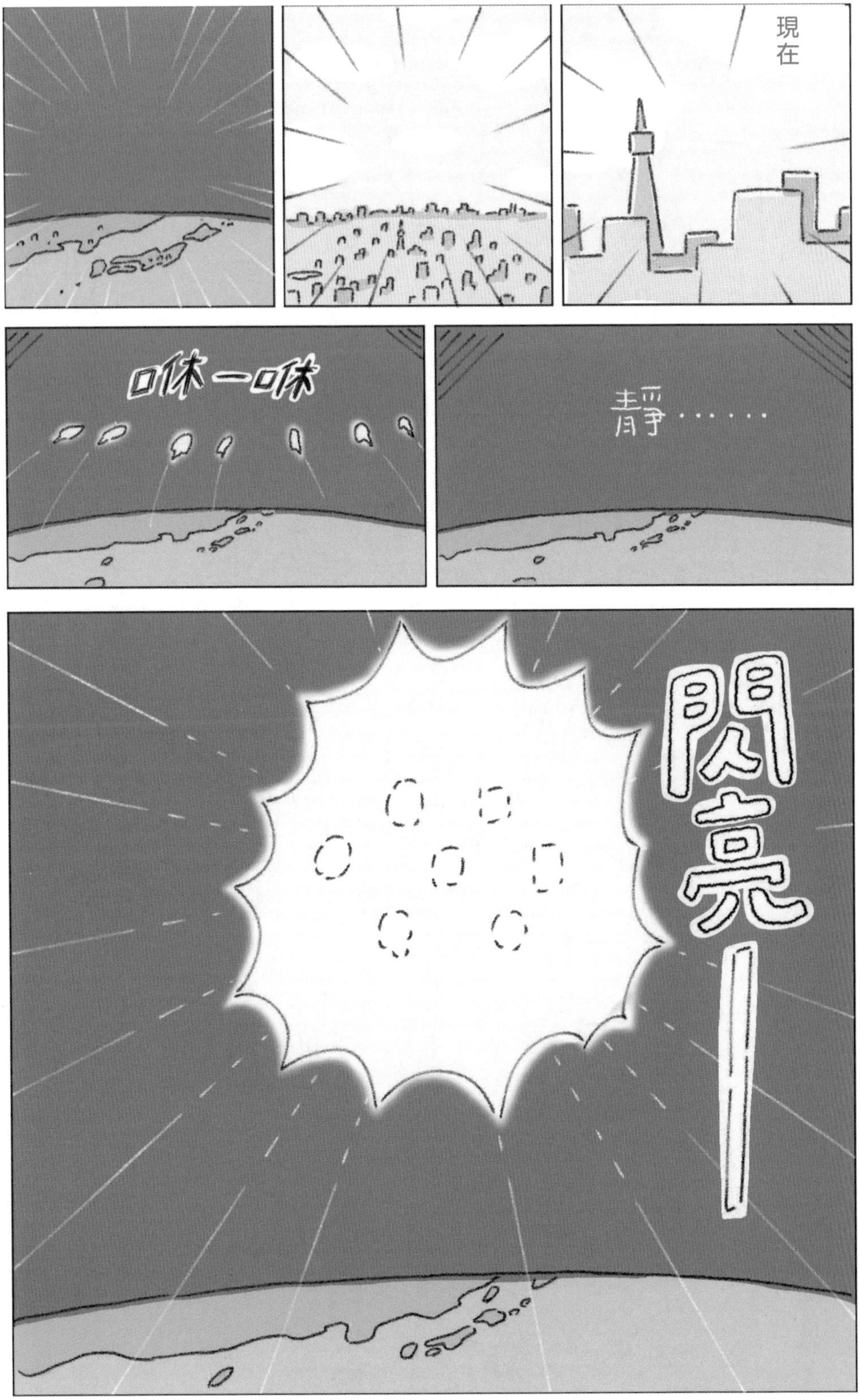

閃亮—

長度單位 公尺
m
質量單位 公斤
kg
時間單位 秒
s
發光強度單位 燭光
cd
物量單位 莫耳
mol
電流單位 安培
A
溫度單位 克耳文
K

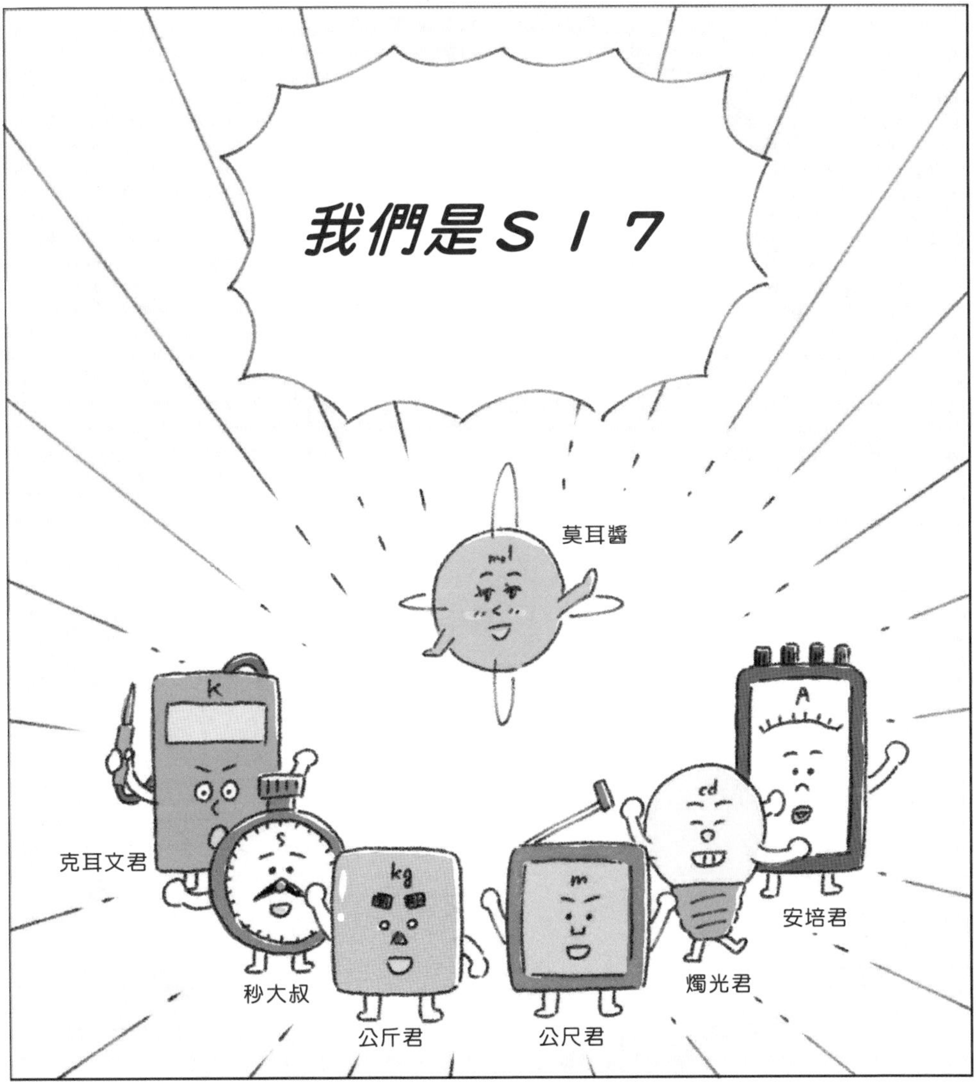

我們是SI7

莫耳醬

克耳文君

安培君

秒大叔

燭光君

公斤君

公尺君

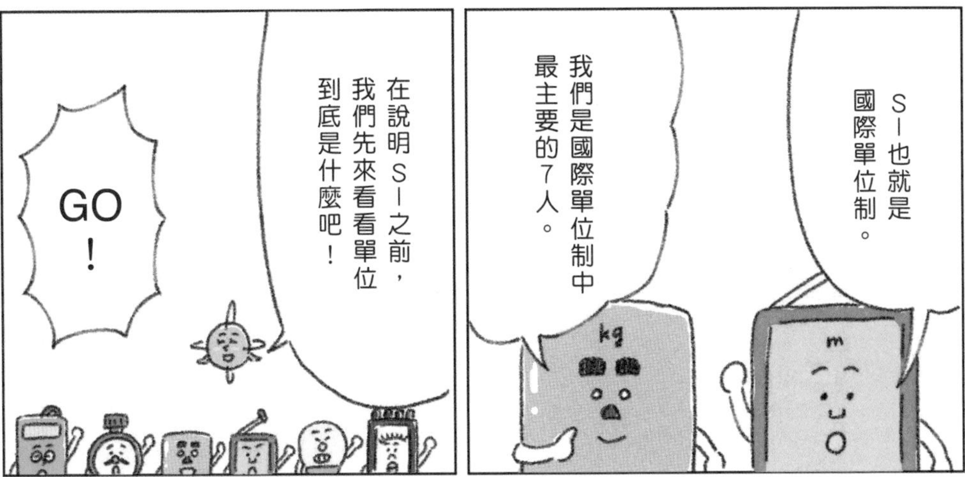

單位的重要

單位非常的方便，如果世上沒有單位的話
哇！
好高大的人啊！

剛才我看到一個好高大的人喔！
這麼高嗎？
這麼高？
吼
就會像這樣，無法準確傳達意思。

然而，只要有了單位
大家好～
我是公尺～
踏！

剛才我看到一個大概2公尺高的人喔！
真的嗎～
真的假的！
就能正確將訊息傳達給對方。

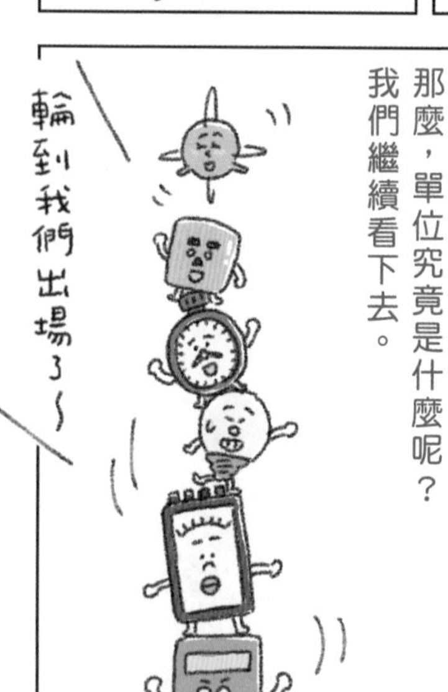
那麼，單位究竟是什麼呢？
我們繼續看下去。
輪到我們出場了～

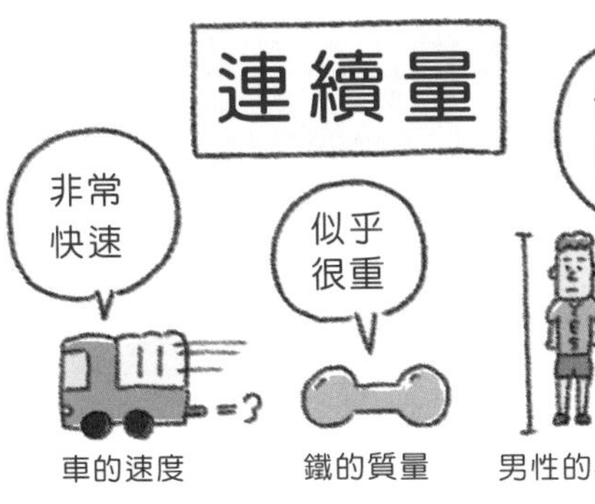

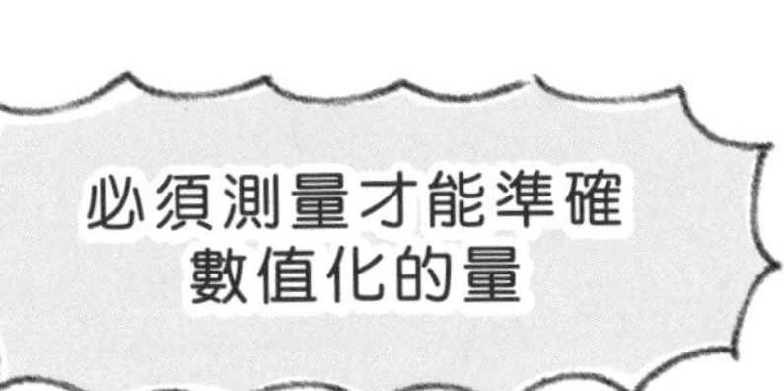

人們為了將其數值化，
所訂的基準即為單位。
（如公尺或公斤等）

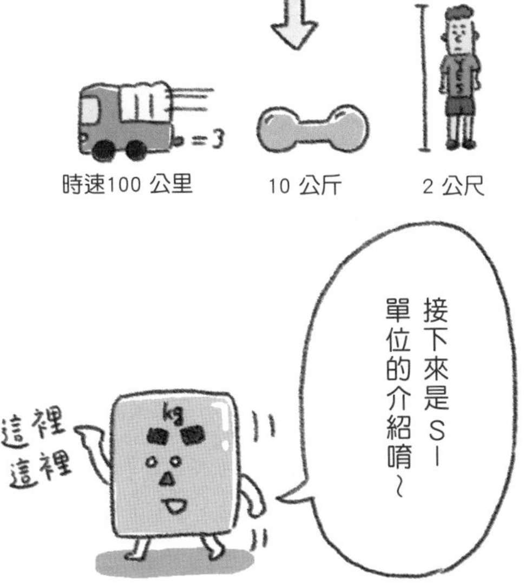

離散量

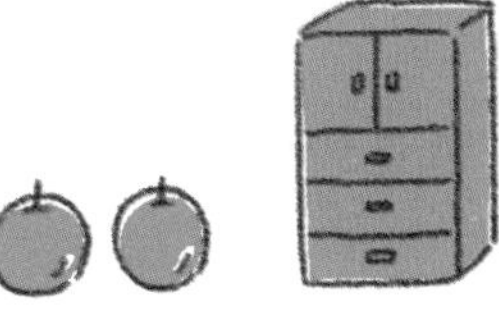

蘋果
→2顆

衣櫃
→1個

男性
→1人

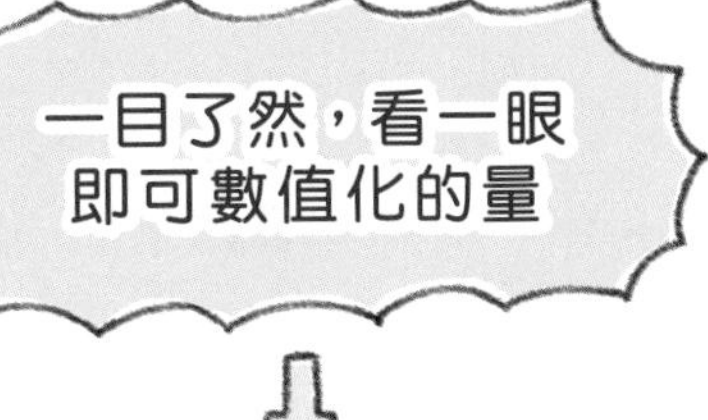

不需要單位
（顆或個僅表示數量）

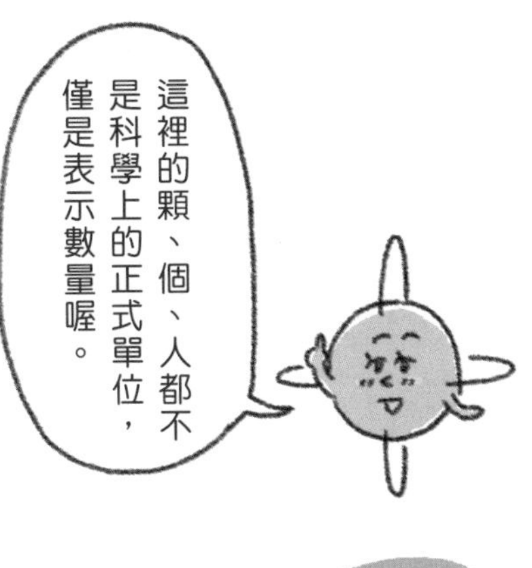

這裡的顆、個、人都不是科學上的正式單位，僅是表示數量喔。

國際單位制（SI）

所謂SI，就是指在這個單位種類繁雜的世界，建立一套可以全世界共通的度量系統。

每四年會在法國召開一次國際會議。

SI

Système International d'Unités的簡稱，中文為「國際單位制」。
SI以7個基本單位為基礎構成。
隨著科學技術的進步，
標準及定義也會更新。

國際單位制SI的構成

① SI基本單位：SI基本的7個單位

長度	質量	時間	電流	溫度	發光強度	物質的量
公尺 (m)	公斤 (kg)	秒 (s)	安培 (A)	克耳文 (K)	燭光 (cd)	莫耳 (mol)

② SI導出單位：由SI基本單位推導得出的單位

範例：
速度：公尺每秒（m/s）
密度：公斤每立方公尺（kg/m^3）
面積：平方公尺（m^2）

③ SI詞頭：可以接在單位之前，表示龐大或微小的量。

範例：毫(m)、奈(n)、百萬(M)、兆(T)等

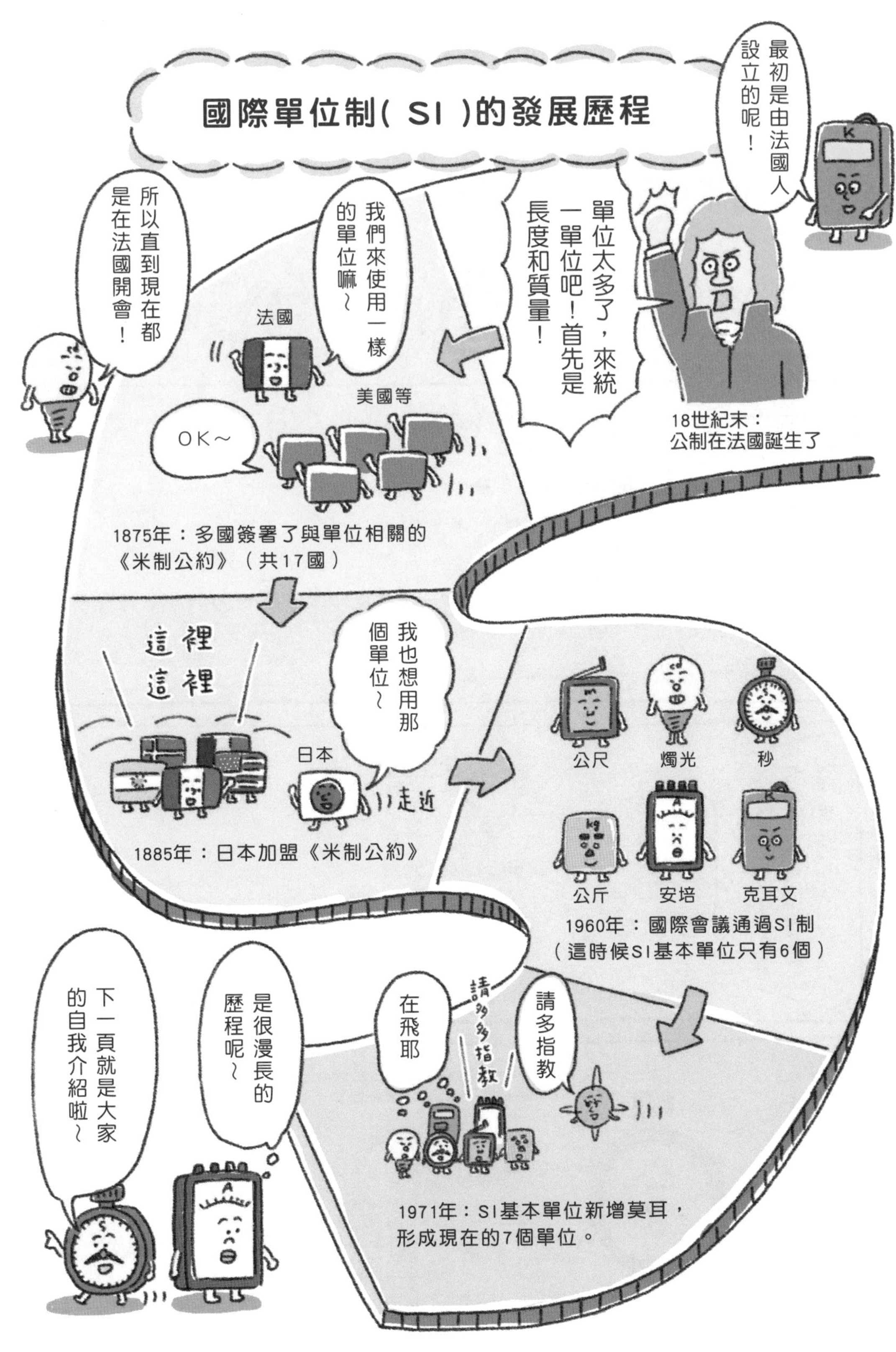
國際單位制(SI)的發展歷程
最初是由法國人設立的呢！
單位太多了，來統一單位吧！首先是長度和質量！
18世紀末：公制在法國誕生了
所以直到現在都是在法國開會！
我們來使用一樣的單位嘛～
法國
美國等
OK～
1875年：多國簽署了與單位相關的《米制公約》（共17國）
這裡這裡
我也想用那個單位～
日本
走近
1885年：日本加盟《米制公約》
公尺
燭光
秒
公斤
安培
克耳文
1960年：國際會議通過SI制（這時候SI基本單位只有6個）
下一頁就是大家的自我介紹啦～
是很漫長的歷程呢～
在飛耶
請多多指教
請多指教
1971年：SI基本單位新增莫耳，形成現在的7個單位。

① SI基本單位

……基本的 7 個單位：長度、質量、時間、電流、溫度、發光強度、物質的量。

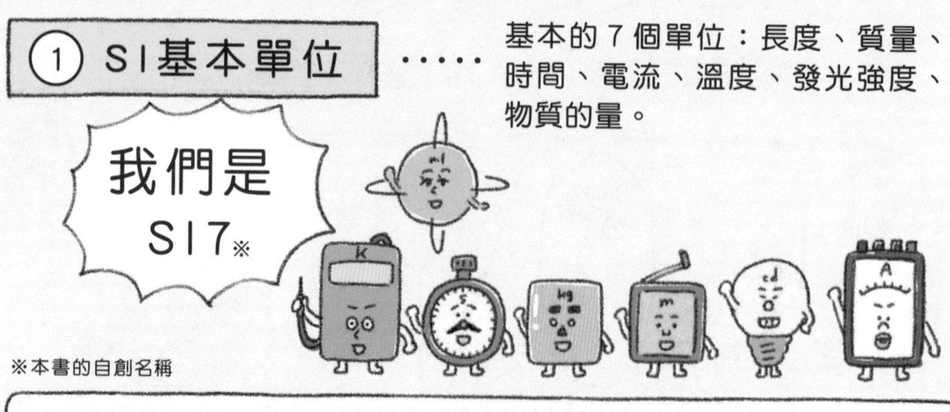

※本書的自創名稱

公尺君

【量】長度

【單位名稱】公尺

【單位符號】m

【定義】光在真空中行進1/299792458秒的距離。

國際公斤原器目前存在法國的國際度量衡局唷～

公斤君

【量】質量

【單位名稱】公斤

【單位符號】kg

【定義】國際公斤原器的質量

※新定義：6.62607015×10^{-34} kg·m^{2}·s^{-1}（已於2019年5月20日生效）

三千多年前，時間就是六十進制了唷。

秒大叔

【量】時間

【單位名稱】秒

【單位符號】s

【定義】銫133原子於基態的兩個超精細能階間躍遷時所對應輻射的9,192,631,770個週期的持續時間。

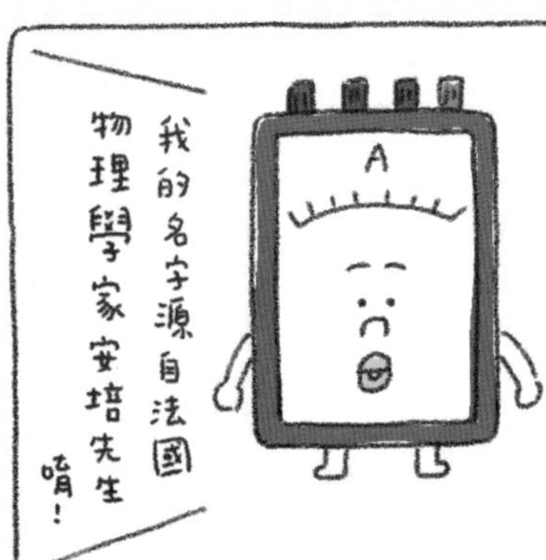

安培君

【量】電流

【單位名稱】安培

【單位符號】A

【定義】兩條極細且無限長的導線，於真空中平行相距1公尺，其每公尺長之導線間產生2×10^{-7}牛頓作用力之恆定電流。

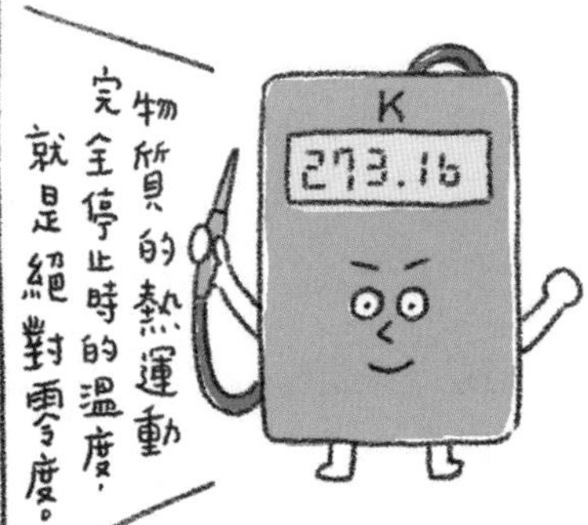

克耳文君

【量】熱力學溫度

【單位名稱】克耳文

【單位符號】K

【定義】1克耳文定義為水的三相點與絕對零度相差的1/273.16

燭光君

【量】發光強度

【單位名稱】燭光

【單位符號】cd

【定義】頻率為540×10^{12} Hz之單色輻射光源，在給定方向的輻射強度為1/683 W/sr時，則該方向的發光強度為1燭光。

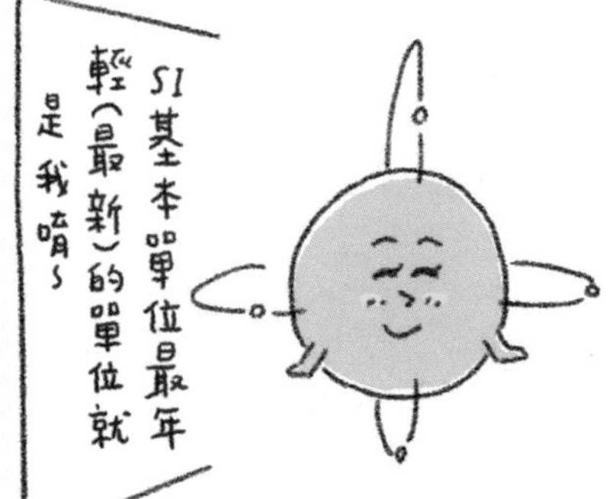

莫耳醬

【量】物質量（物質的量）

【單位名稱】莫耳

【單位符號】mol

【定義】物質系統中所含的基本粒子數與0.012 kg之碳12所含原子數相等時的物質量。

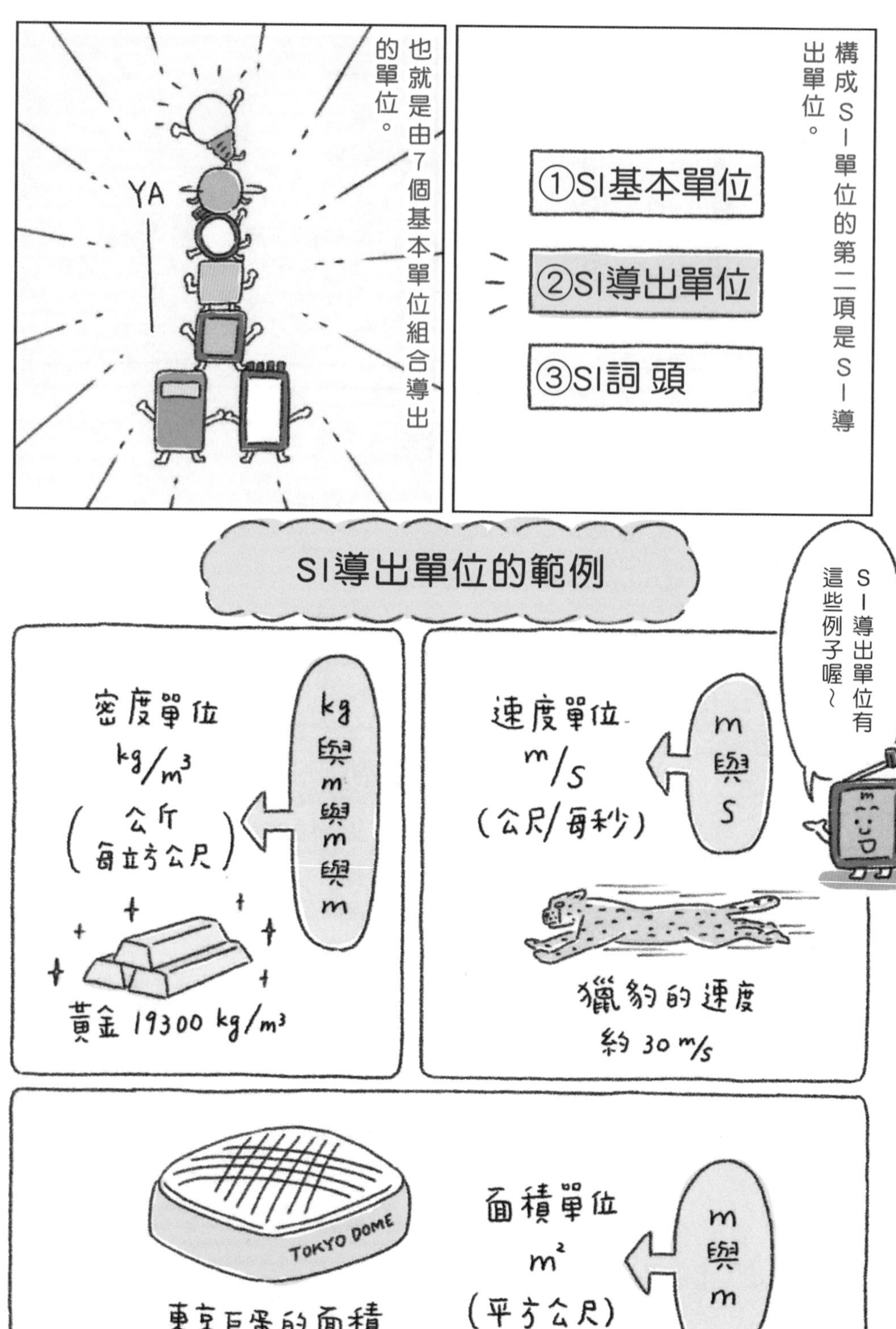
構成SI單位的第二項是SI導出單位。
①SI基本單位
②SI導出單位
③SI詞頭
也就是由7個基本單位組合導出的單位。
YA
SI導出單位的範例
SI導出單位有這些例子喔～
m與s
速度單位
m/s
（公尺/每秒）
獵豹的速度
約 30 m/s
kg與m與m與m
密度單位
kg/m³
（公斤每立方公尺）
黃金 19300 kg/m³
m與m
面積單位
m²
（平方公尺）
TOKYO DOME
東京巨蛋的面積
約 4700 m²

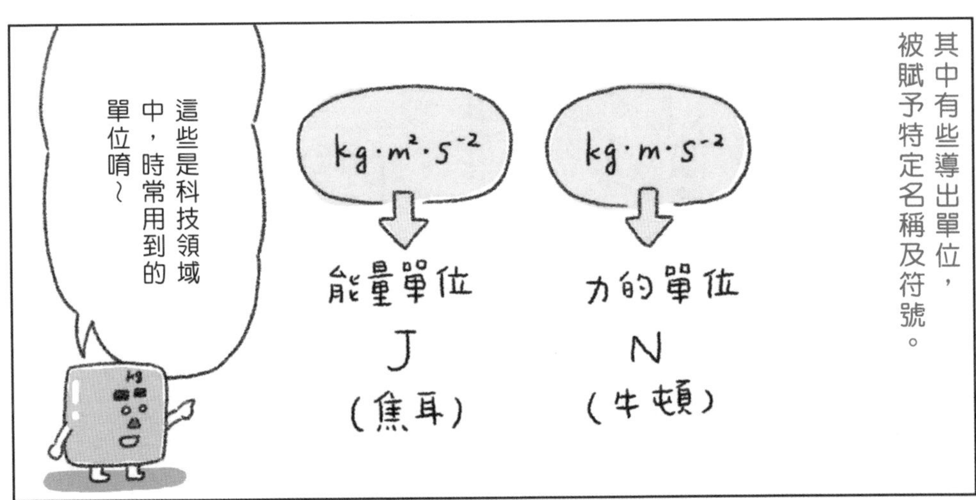

擁有特定名稱及符號的SI導出單位

全部共有22個喔～

名稱	符號	導出量	以SI基本單位表示
弧度(徑)	rad	平面角	$m \cdot m^{-1}=1$
球面度(立徑)	sr	立體角	$m^2 \cdot m^{-2}=1$
赫茲	Hz	頻率數	s^{-1}
牛頓	N	力	$m \cdot kg \cdot s^{-2}$
帕斯卡	Pa	壓力、應力	$m^{-1} \cdot kg \cdot s^{-2}$
焦耳	J	能量、功、熱量	$m^2 \cdot kg \cdot s^{-2}$
瓦特	W	電功率、功率、輻射功率	$m^2 \cdot kg \cdot s^{-3}$
庫侖	C	電荷、電量	$s \cdot A$
伏特	V	電位差(電壓)、電動勢	$m^2 \cdot kg \cdot s^{-3} \cdot A^{-1}$
法拉	F	電容	$m^{-2} \cdot kg^{-1} \cdot s^4 \cdot A^2$
歐姆	Ω	電阻	$m^2 \cdot kg \cdot s^{-3} \cdot A^{-2}$
西門	S	電導	$m^{-2} \cdot kg^{-1} \cdot s^3 \cdot A^2$
韋伯	Wb	磁通量	$m^2 \cdot kg \cdot s^{-2} \cdot A^{-1}$
特斯拉	T	磁通密度	$kg \cdot s^{-2} \cdot A^{-1}$
亨利	H	電感	$m^2 \cdot kg \cdot s^{-2} \cdot A^{-2}$
攝氏溫度	℃	攝氏溫度	K
流明	lm	光通量	$cd \cdot sr$
勒克斯	lx	照度	$cd \cdot sr \cdot m^{-2}$
貝克	Bq	(放射性核種的)放射性活度	s^{-1}
戈雷	Gy	吸收劑量·克馬(比釋動能)	$m^2 \cdot s^{-2}$
西弗	Sv	(各種)等效劑量	$m^2 \cdot s^{-2}$
開特	kat	催化活性	$s^{-1} \cdot mol$

摘錄並整理自日本計量標準綜合中心網站

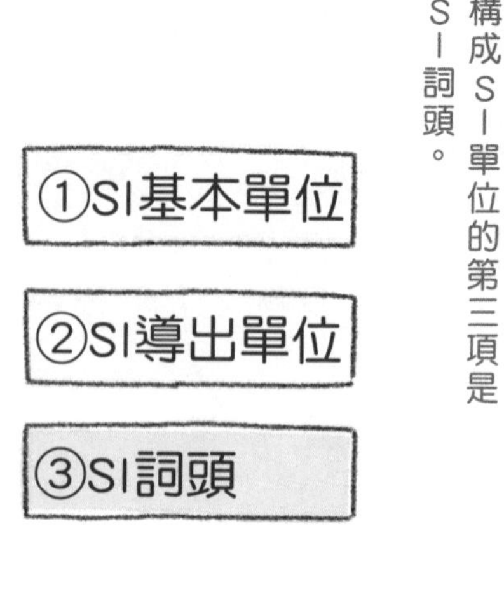

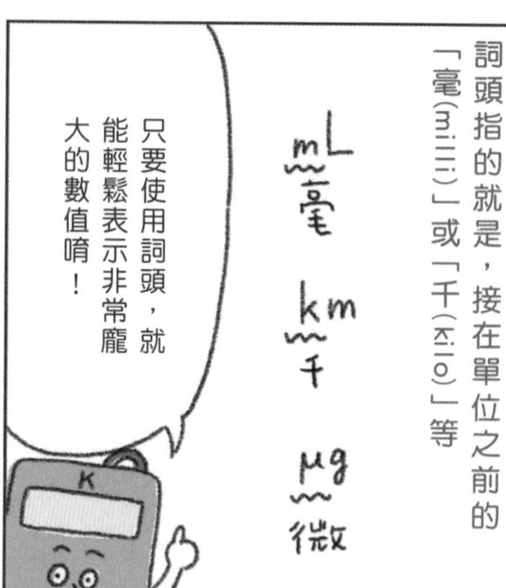

擁有特定名稱及符號的SI導出單位

詞頭（英文詞頭）	符號	冪次	
佑（yotta）	Y	10^{24}	1 000 000 000 000 000 000 000 000
皆（zetta）	Z	10^{21}	1 000 000 000 000 000 000 000
艾（exa）	E	10^{18}	1 000 000 000 000 000 000
拍（peta）	P	10^{15}	1 000 000 000 000 000
兆（tera）	T	10^{12}	1 000 000 000 000
吉（giga）	G	10^{9}	1 000 000 000
百萬（mega）	M	10^{6}	1 000 000
千（kilo）	k	10^{3}	1 000
百（hecto）	h	10^{2}	100
十（deca）	da	10	10
分（deci）	d	10^{-1}	0.1
厘（centi）	c	10^{-2}	0.01
毫（milli）	m	10^{-3}	0.001
微（micro）	μ	10^{-6}	0.000 001
奈（nano）	n	10^{-9}	0.000 000 001
皮（pico）	p	10^{-12}	0.000 000 000 001
飛（femto）	f	10^{-15}	0.000 000 000 000 001
阿（atto）	a	10^{-18}	0.000 000 000 000 000 001
介（zepto）	z	10^{-21}	0.000 000 000 000 000 000 001
攸（yocto）	y	10^{-24}	0.000 000 000 000 000 000 000 001

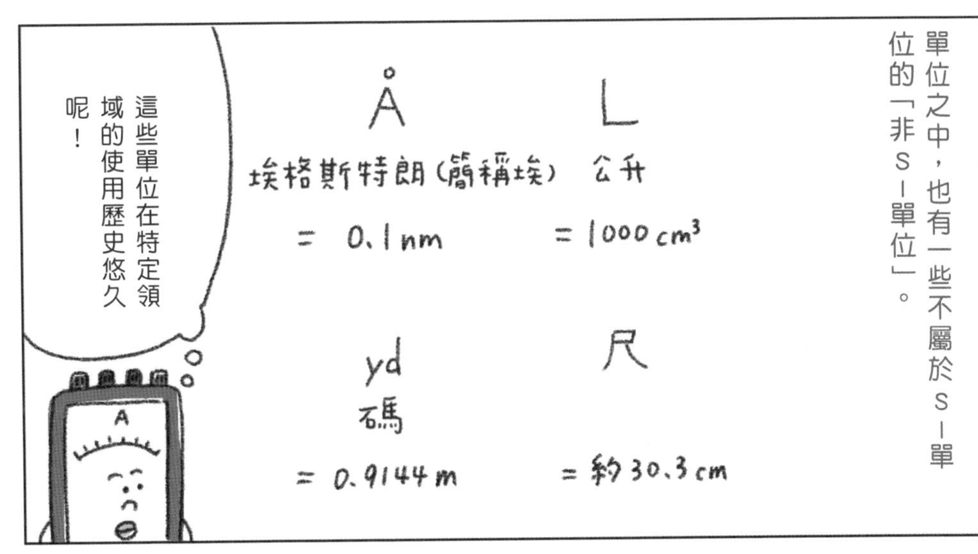

非SI單位的範例

不屬於SI，但能與SI並用的單位

名稱	符號	SI單位的代表數
分鐘	min	1 min＝60 s
小時	h	1 h＝3600 s
日	d	1 d＝86400 s
度	°	1°＝（π/180） rad
角分	′	1′＝（π/10800） rad
角秒	″	1″＝（π/648000） rad
公頃	ha	1 ha=10^4 m^2
公升	L,l	1 L=10^3 cm^3=10^{-3} m^3
公噸	t	1 t＝10^3 kg
天文單位	au	1 au＝149597870700 m

不屬於SI，但能與SI並用的其他單位
（不建議使用，如須使用，建議標示相對應的SI單位）

名稱	符號	SI單位的代表數
巴	bar	1 bar＝10^5 Pa
毫米水銀柱	mmHg	1 mmHg＝133.322 Pa
埃	Å	1 Å＝0.1 nm＝10^{-10} m
海里	M	1 M＝1852 m
邦（靶）	b	1 b＝10^{-28} m^2
節	kn	1 kn＝（1852/3600） m/s

其他不屬於SI的單位範例（不建議使用）

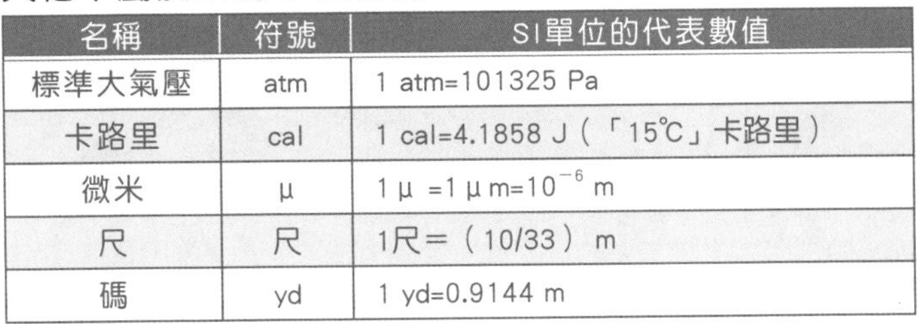

名稱	符號	SI單位的代表數值
標準大氣壓	atm	1 atm=101325 Pa
卡路里	cal	1 cal=4.1858 J（「15℃」卡路里）
微米	μ	1 μ =1 μm=10^{-6} m
尺	尺	1尺＝（10/33） m
碼	yd	1 yd=0.9144 m

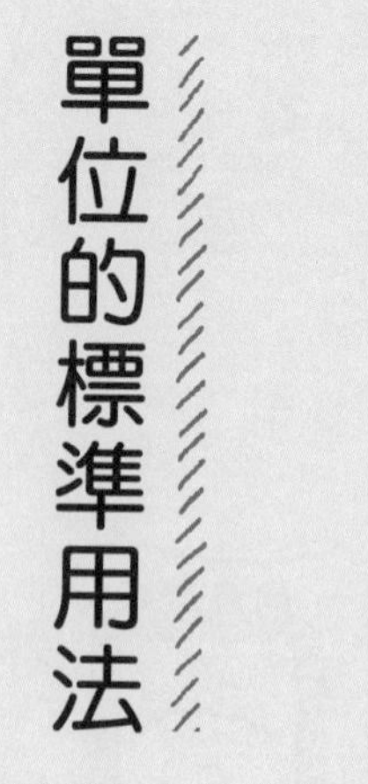
單位的標準用法

書寫單位時，需按照標準規定。
規定？
有這種東西嗎？
搔頭~
當然有啊！

啊！
「不要任意創造
新單位」之類的？
那還用說！

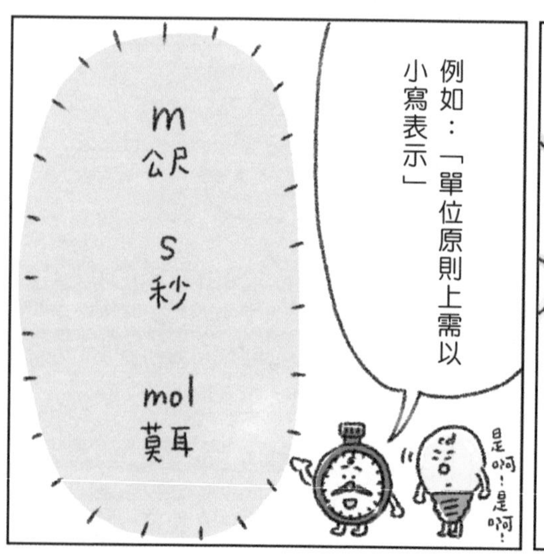
例如：「單位原則上需以
小寫表示」
m
公尺
s
秒
mol
莫耳
是啊！是啊！

但是，由人名命名的
單位，則需以大寫表
示。
例 壓力的單位
Pa
帕斯卡
嘿欸~
是我的名字喔~
法國物理學家
帕斯卡先生

還嘿欸~呢！
你也是SI-7
的成員！
最最基本的規則
都幫你列好表格
了，快去看看！
知道了啦

單位的簡易書寫規則

至少也要記住這些喔！

☆單位符號以正楷（羅馬體）書寫。原則上以小寫表示，但由人名命名的單位，則以大寫表示。

〇

m 公尺　s 秒　Pa 帕斯卡　Ω 歐姆

將公尺符號寫成大寫的M　斜體的*m*

☆詞頭與單位符號之間不加空格

〇

km　μg

✕

k m（空格）　μ g（空格）

☆詞頭只能加一個，不可重複

〇

nm 奈米　ps 皮秒

✕

mμm 毫微米　mns 毫奈秒

☆單位符號的乘積以空格或間隔號表示；商數則以水平線、斜線或負號指數表示，不可同時使用兩個以上的斜線表示。

〇

N m（空格），N · m，m/s，$\frac{m}{s}$，m · s^{-1}

m/s/s

嗯……

明白了嗎？

第 2 章

長度

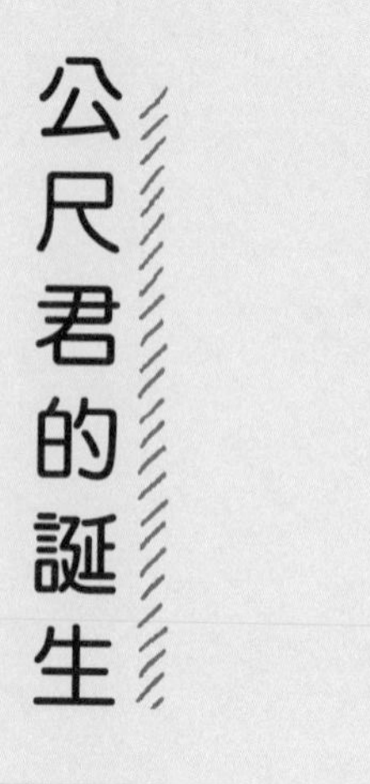

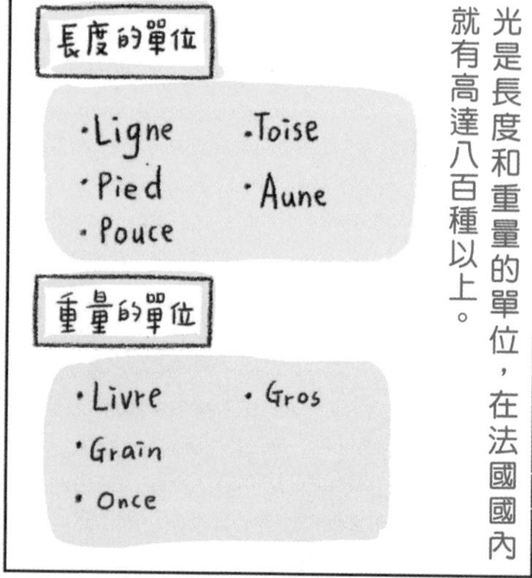

Ligne（線）、Pied（腳）、Pouce（拇指）、Toise（雙臂展開的長度）、Aune（約1.2公尺）、Livre（貨幣單位，相當於一磅白銀。）
Grain、Grein（重量單位，相當於0.064798公克，一粒大麥重。）、Once（重量單位，相當於30.5881公克。）、Gros（重量單位，相當於3.8235公克。）

那麼在統一之前
喂！
給我等一下

要怎麼統一單位啊！真的有辦法讓所有人都接受嗎？
問的太好了

就根據地球的長度來制定
我？
用地球當標準的話，應該大家都沒意見了吧。

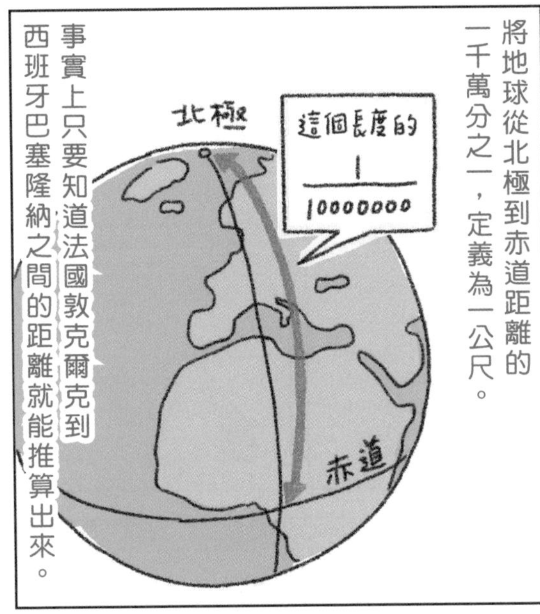

將地球從北極到赤道距離的一千萬分之一，定義為一公尺。
這個長度的
1
10000000
北極
赤道
事實上只要知道法國敦克爾克到西班牙巴塞隆納之間的距離就能推算出來。

於是塔列朗先生的提案就這麼通過了。

這樣的話OK！

加油！

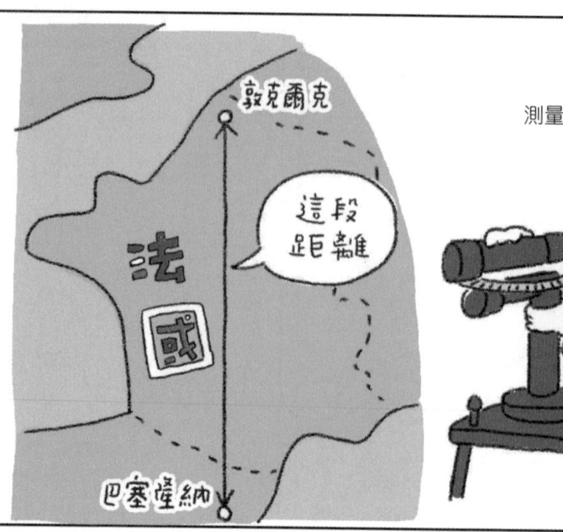
就這樣，科學家開始測量敦克爾克到巴塞隆納之間的距離。
測量想像圖
敦克爾克
這段距離
法國
巴塞隆納
經過重重困難，花了六年時間，終於完成測量。

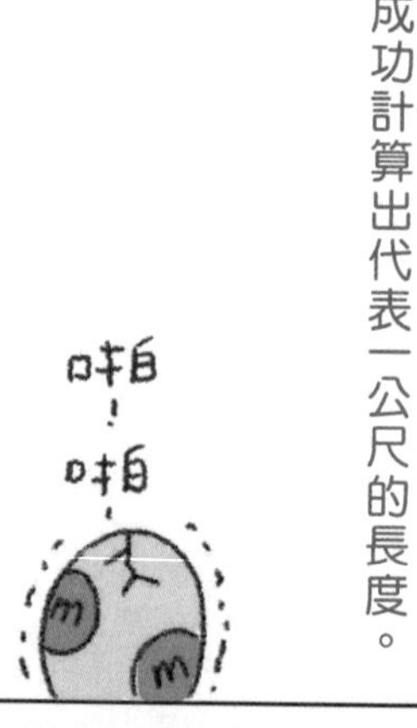
然後成功計算出代表一公尺的長度。
啪！啪

「公尺」就此誕生！
好耶！
蹦！

本以為公尺會就此普及於世。
看我的！
轟轟轟

然而並未馬上被大眾接受
怎麼會這樣～

街上的人們發出猛烈的反對聲浪。
這種東西能用嗎？
就是說啊！
哇ー哇ー

公尺誕生的示意圖

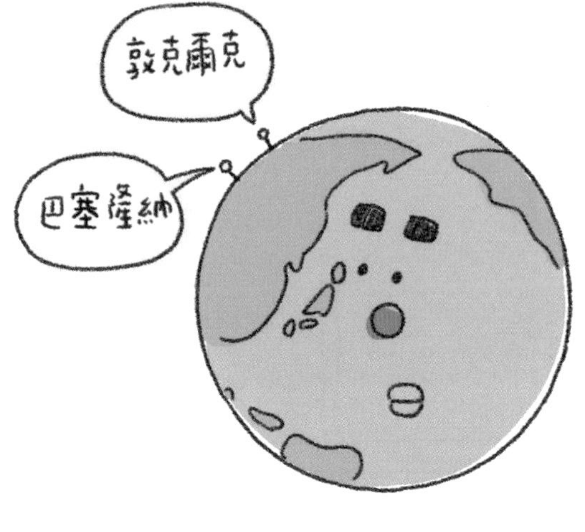

①正確測量敦克爾克到巴塞隆納之間的距離。

是用三角測量法測出來的喔！

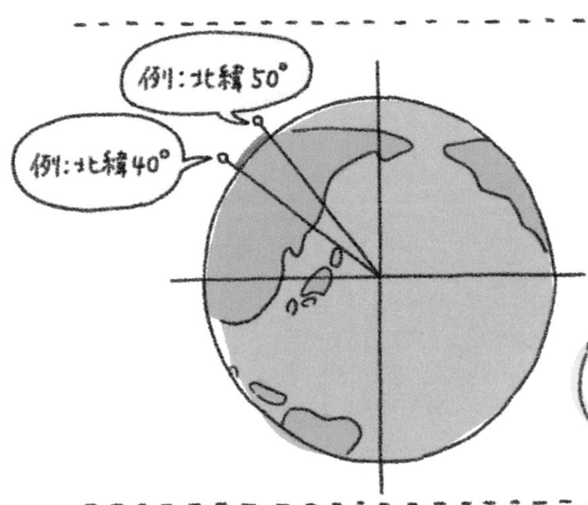

②先求出兩個地點的緯度，再計算出兩地的距離。

例如：北緯50° 與北緯40°
就是50°-40° =10°

北極

赤道

③將角度換算成90°，即可求出北極到赤道的距離，而此距離的1/10000000則定義為公尺。

如果是10°，將實際測得的距離乘以九倍，就能得知這段的距離喔！

公尺的定義

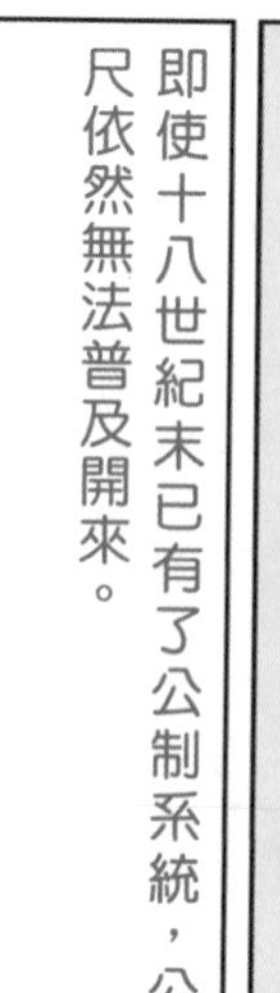

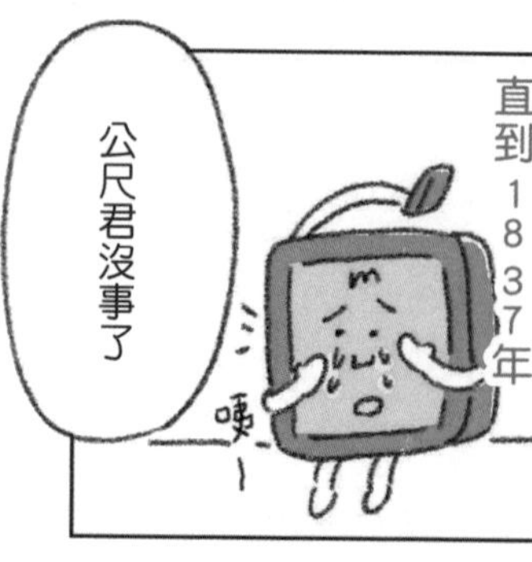

於是公尺終於在法國國內普及開來。

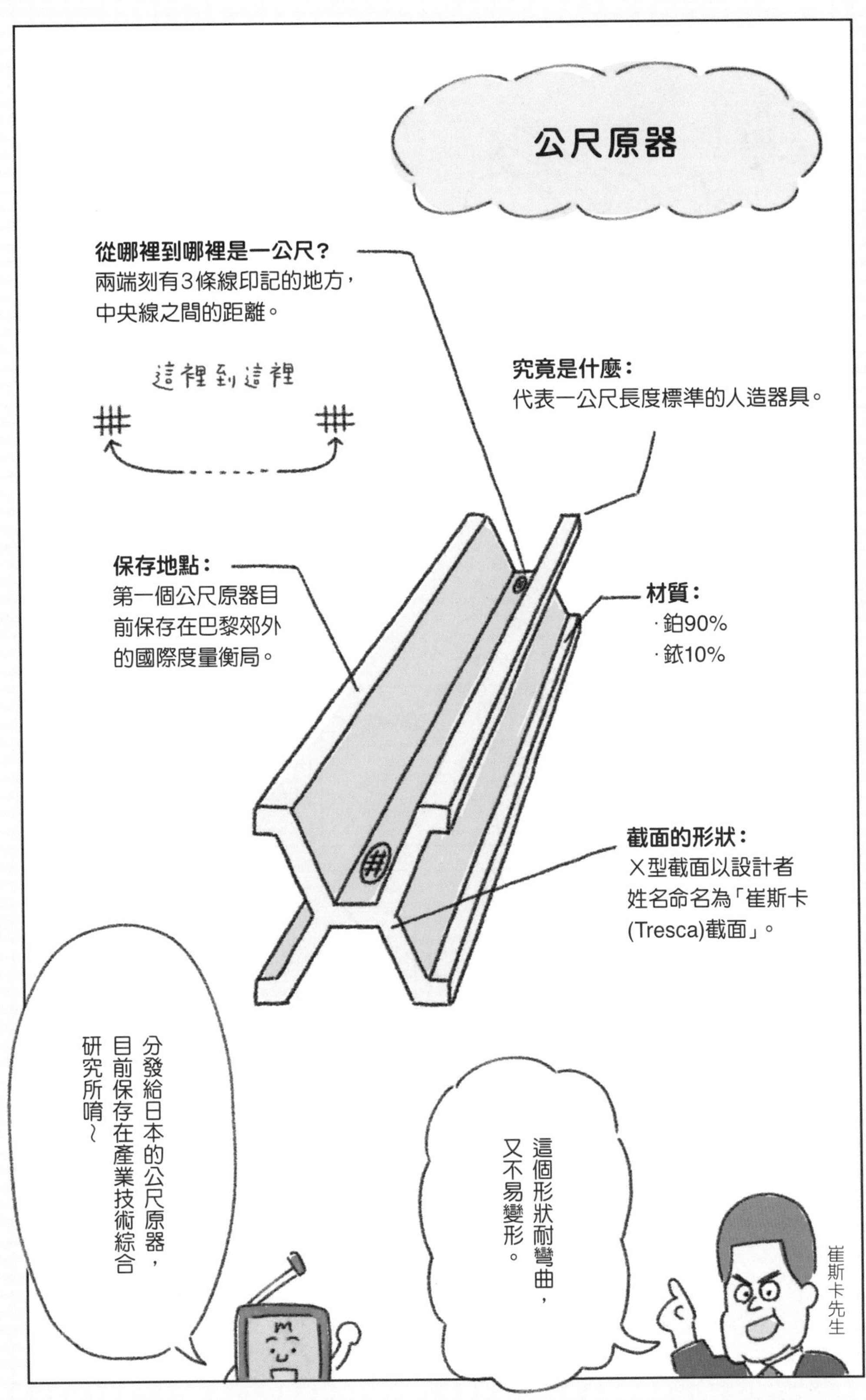
公尺原器
從哪裡到哪裡是一公尺？
兩端刻有3條線印記的地方，
中央線之間的距離。
這裡到這裡
究竟是什麼：
代表一公尺長度標準的人造器具。
保存地點：
第一個公尺原器目
前保存在巴黎郊外
的國際度量衡局。
材質：
·鉑90%
·銥10%
截面的形狀：
X型截面以設計者
姓名命名為「崔斯卡
(Tresca)截面」。
分發給日本的公尺原器，目前保存在產業技術綜合研究所唷～
這個形狀耐彎曲，又不易變形。
崔斯卡先生

但是後來發現，這個公尺原器有個缺點。
咦
經年累月受環境影響，原器極有可能產生變化。
公尺原器
有變化的風險！
打擊
NO NO NO
用人造物當標準本身就是荒謬的事。
應該用自然現象當標準。
自然現象？
就是利用某個條件下物質發出的光，
那個物質就是……
這個
Kr
氪原子君

氪原子通電發光時，會放射出很多不同顏色的光。在真空中，測量其中一種橙色光的波長。

嚇

嗶嗶嗶

真空中

波長

這個長度不會改變

就是利用這個原理，

光的「波長」，是不會產生變化的。

也就是說，可以拿來當作長度的標準！

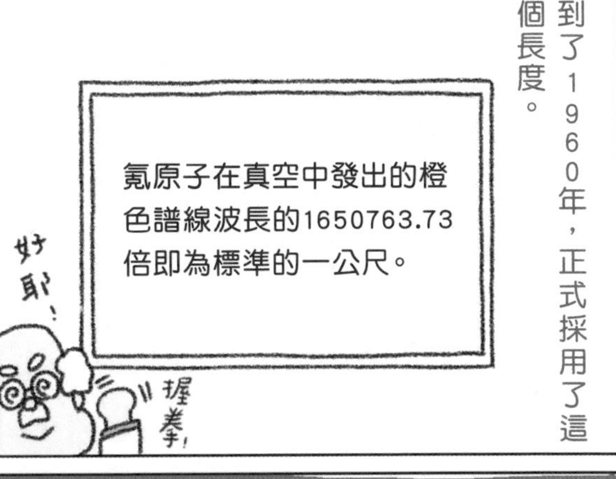

到了1960年，正式採用了這個長度。
氪原子在真空中發出的橙色譜線波長的1650763.73倍即為標準的一公尺。
好耶！
握拳！

那就是…
吞口水

但過了一段時間，科學家又發現了更好的方法。
咦？還有更好的？
別介意

閃亮一
「光的速度」是也！
好刺眼!!

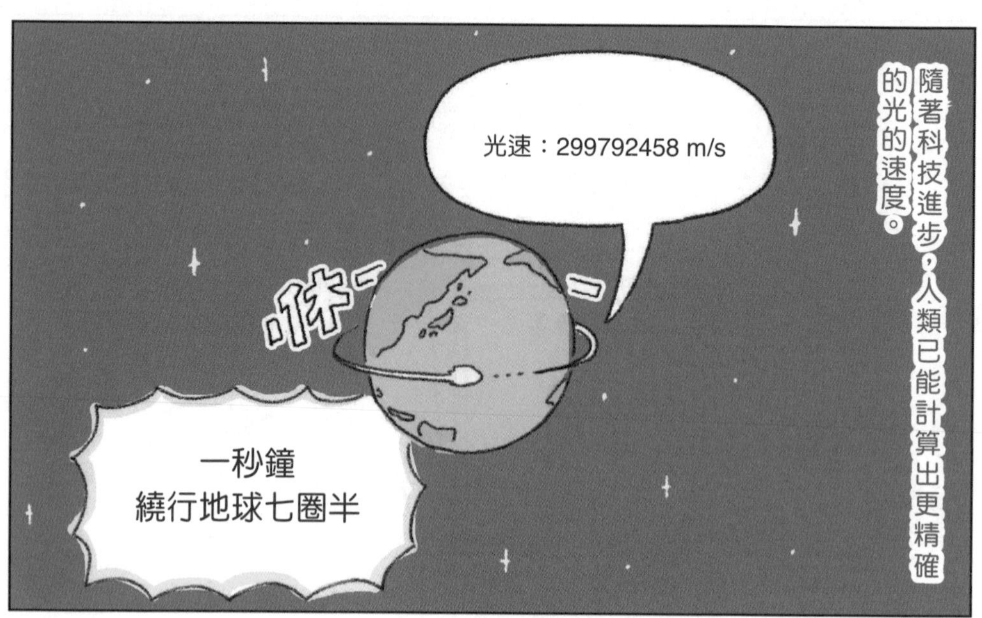
隨著科技進步，人類已能計算出更精確的光的速度。
光速：299792458 m/s
咻——
一秒鐘
繞行地球七圈半

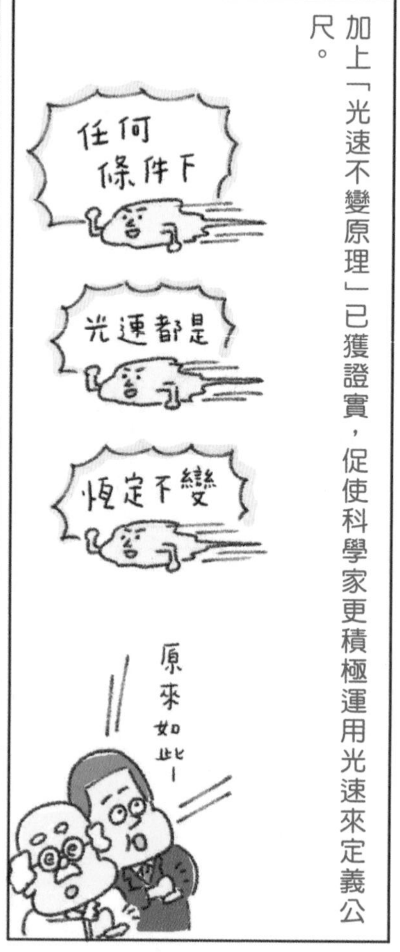
加上「光速不變原理」已獲證實，促使科學家更積極運用光速來定義公尺。
任何條件下
光速都是
恆定不變
原來如此！

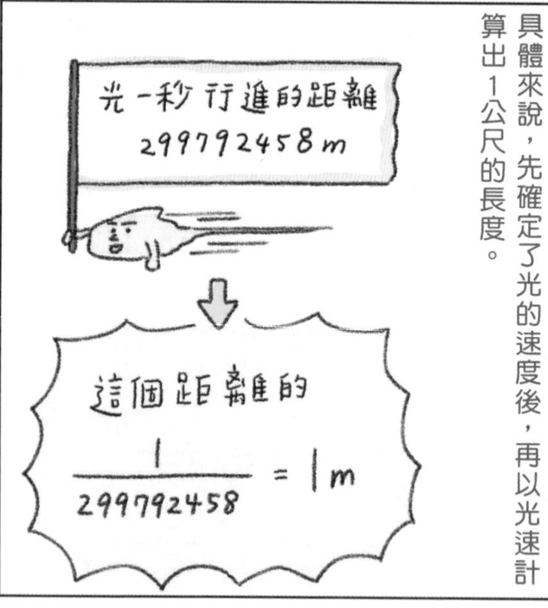
具體來說，先確定了光的速度後，再以光速計算出1公尺的長度。
光一秒行進的距離
299792458m
這個距離的
1/299792458 = 1m

這個基準自1983年成立後便沿用至今。

「公尺」定義的歷史

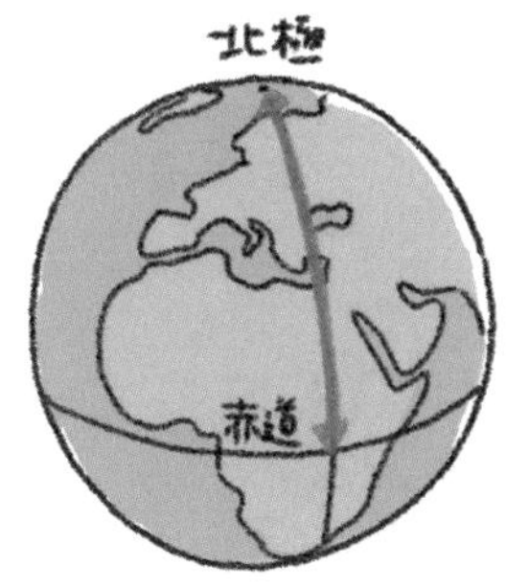

十八世紀末
地球經線上從北極到赤道距離的
1/10000000

科學證實地球並非永恆不變，而是會隨著時間變化。

1889年
國際公尺原器的長度

結果，人造物也是會隨時間變化。

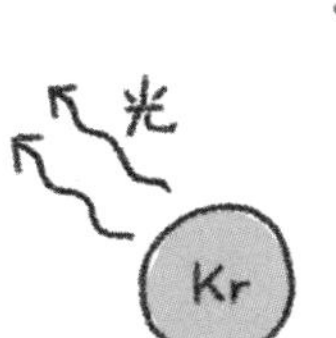

1960年
氪原子發出的橙光波長的1650763.73倍

科技能精密的測量光速。

1983年
光在真空中行進1/299792458秒的距離。

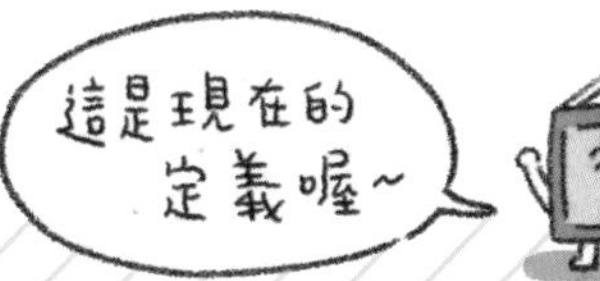

公尺君小檔案

單位符號　**m**

定義

光在真空中
行進1/299792458秒的距離。

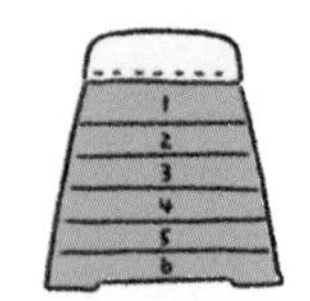

六層跳箱的高度
約0.8m

成人男子競技用跨欄的高度
約1.1m

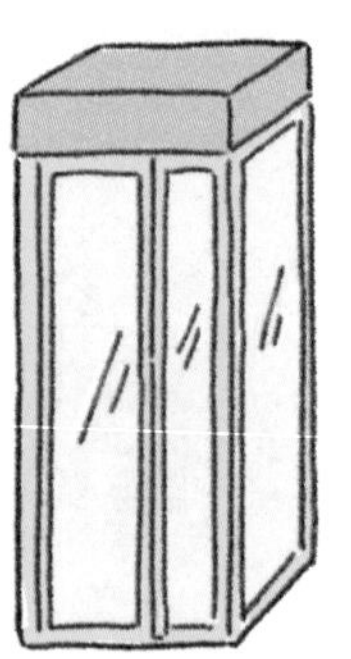

電話亭的高度
約2.26m

長度範例

小情報	專長	個性
名字源自古希臘語métron（測量）	量各種東西的長度	有點冒冒失失的，但是個拚命三郎。

趣味小漫畫 公尺君的專長

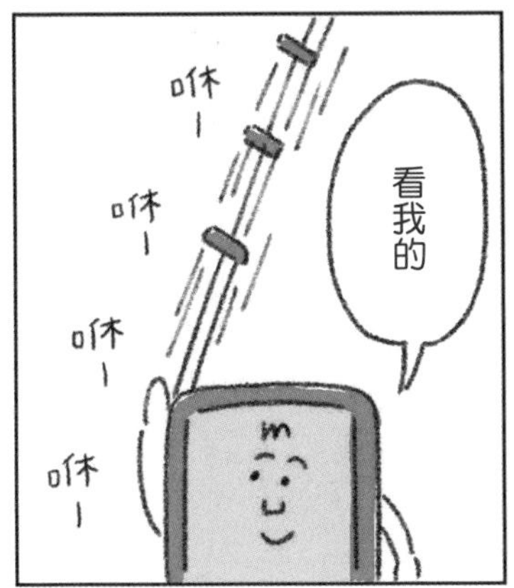

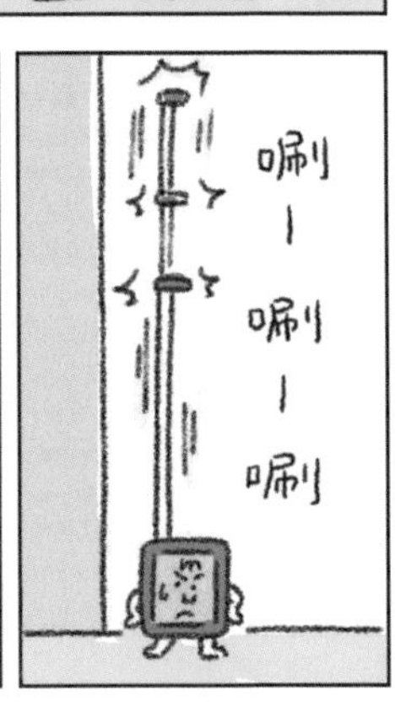

公尺以外的長度單位

公尺君可以說是長度單位界的國王。

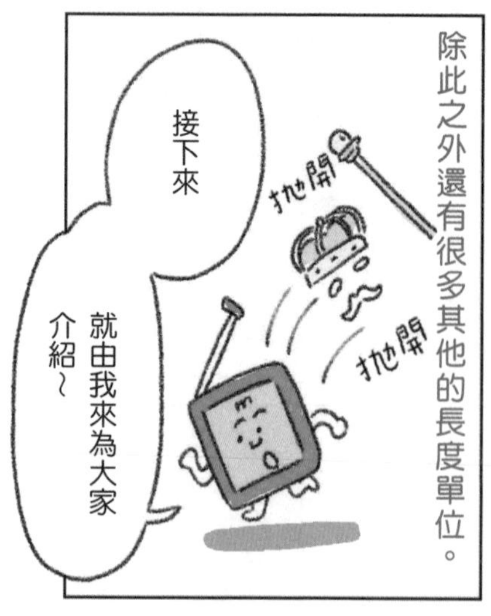
除此之外還有很多其他的長度單位。
抛開
抛開
接下來
就由我來為大家介紹～

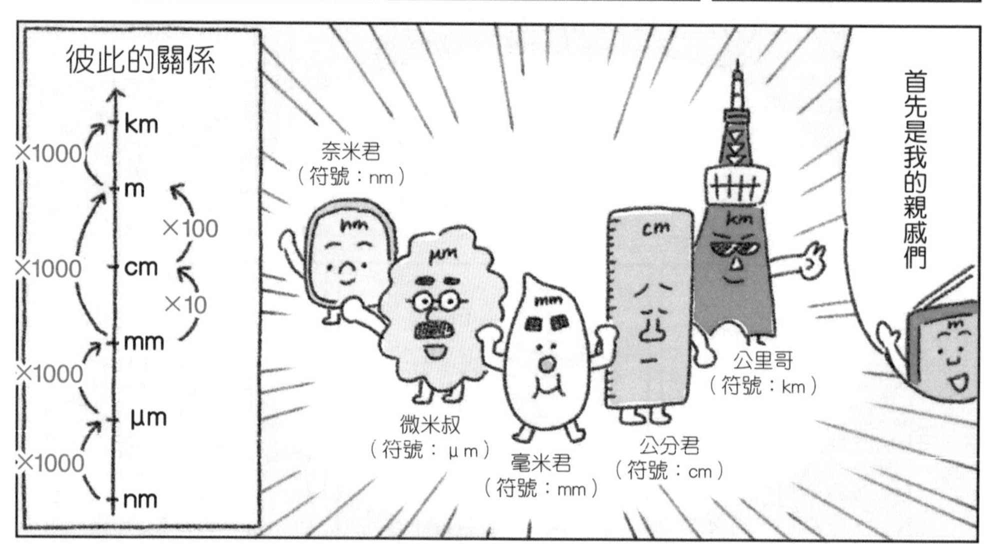
首先是我的親戚們
公里哥（符號：km）
公分君（符號：cm）
毫米君（符號：mm）
微米叔（符號：μm）
奈米君（符號：nm）
km
cm
mm
μm
nm
彼此的關係
km
×1000
m
×100
×1000
cm
×10
mm
×1000
μm
×1000
nm

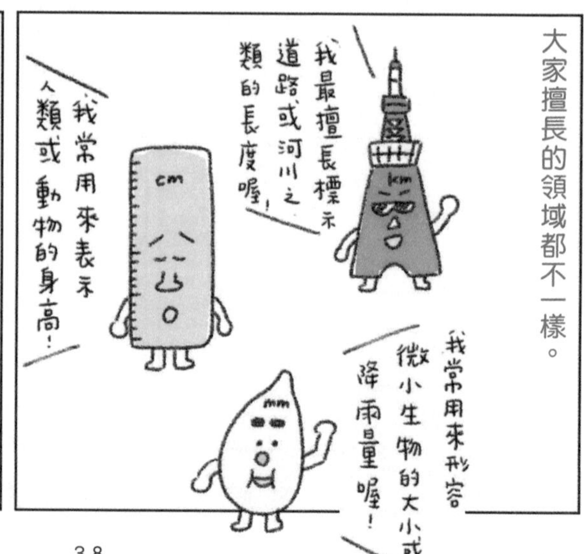
大家擅長的領域都不一樣。
我最擅長標示道路或河川之類的長度喔！
km
cm
我常用來表示人類或動物的身高！
mm
我常用來形容微小生物的大小或降雨量喔！

奈米君在化學領域也很活躍吧！
是呀！
還有奈米科技這個說法。
nm
m
給我等一下！

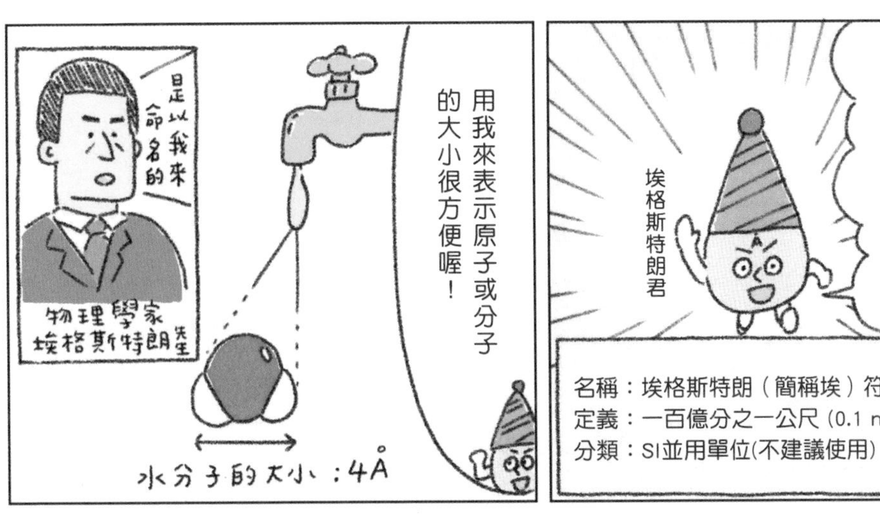
化學可是我的場子！
埃格斯特朗君
名稱：埃格斯特朗（簡稱埃）符號：Å
定義：一百億分之一公尺（0.1 nm）
分類：SI並用單位(不建議使用)
用我來表示原子或分子的大小很方便喔！
是以我來命名的
物理學家埃格斯特朗先生
水分子的大小：4Å

日本也有從很久以前就流傳下來的單位唷！
名稱：寸、尺(曲尺)、間
定義：寸(約3.03 cm)
尺(曲尺)(約30.3cm)
間(約1.818 m)
分類：非SI單位
日文讀作「ken」喔！
相撲摔角場的直徑是15尺
就是一寸法師的寸
寸先生
間先生
尺先生
但是，現在禁止使用在交易或法律文件（合約等）上喔！
違反就罰款。
提到這個就傷心～
消沉

也別忘了我們海外組的～
碼君
我在美國還是很活躍～
據說我起源於拇指的寬度
英吋君
英呎君
名稱：英吋、英呎、碼　符號：in、ft、yd
定義：in(2.54 cm)、ft(30.48 cm)、yd(91.44 cm)
分類：非SI單位
大家都到齊啦。
來比賽長度吧！
好了！

長度單位的比較
① 碼
② yd
③ 91.44 cm
① 英呎
② ft
③ 30.48 cm
① 尺(曲尺)
② 尺
③ 約30.3 cm
① 寸
② 寸
③ 約3.03 cm
① 英吋
② in
③ 2.54 cm
① 公分
② cm
③ 一百分之一公尺
① 毫米
② mm
③ 一千分之一公尺
代表意義
① 名稱
② 符號
③ 定義
×3
×12
×10
×1000
1000
yd
ft
cm
in
mm

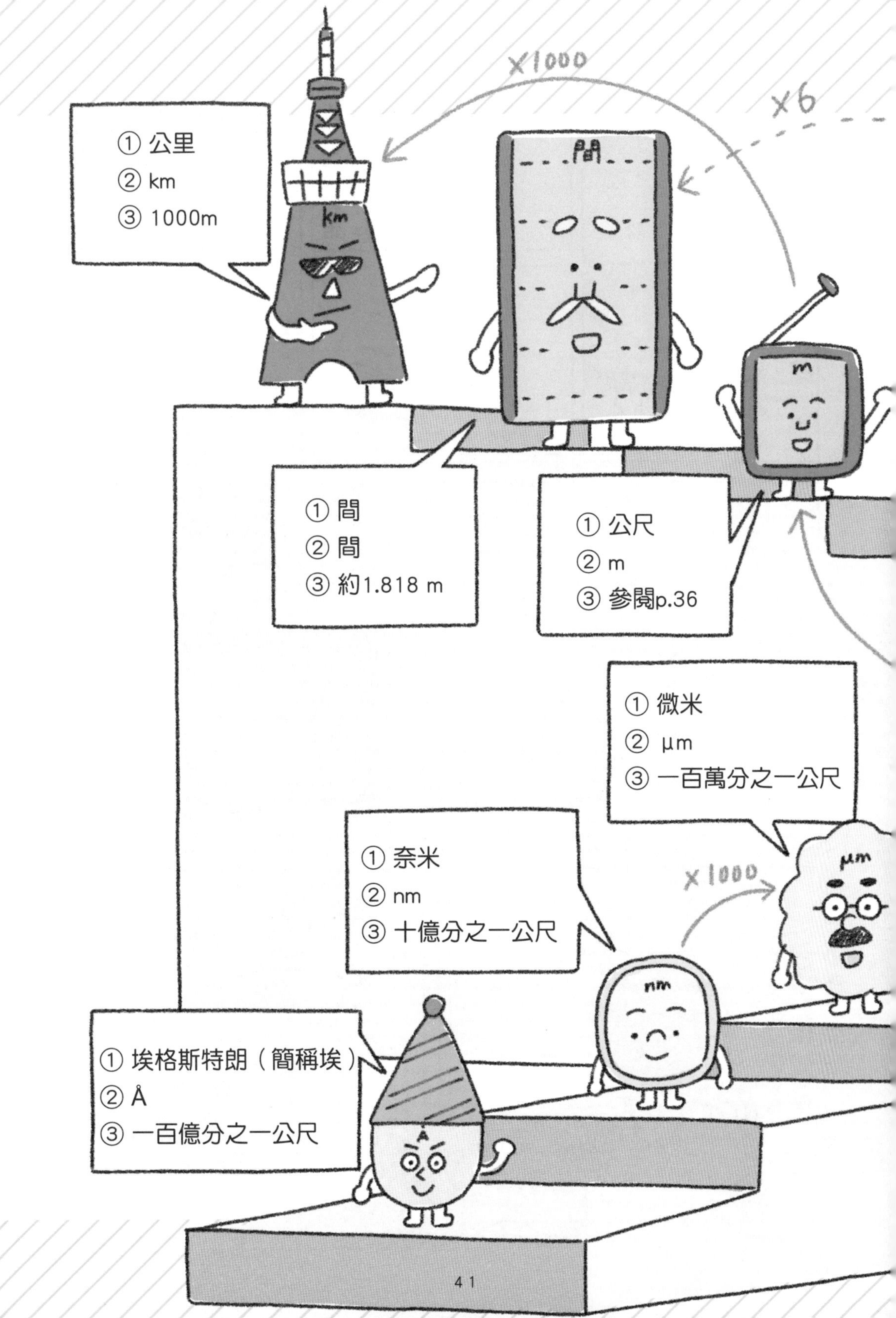
×1000
×6
① 公里
② km
③ 1000m
km
間
① 間
② 間
③ 約1.818 m
m
① 公尺
② m
③ 參閱p.36
① 微米
② μm
③ 一百萬分之一公尺
μm
×1000
① 奈米
② nm
③ 十億分之一公尺
nm
① 埃格斯特朗（簡稱埃）
② Å
③ 一百億分之一公尺
Å

趣味小漫畫
設計圖

某一天，公尺君走在路上時。
走動 走動

有人掉了東西？

……房屋設計圖？
拿起

咦!!

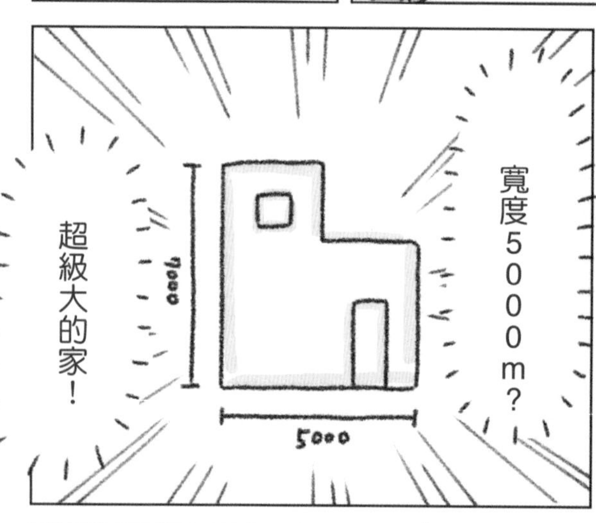

寬度50000m？
超級大的家！
7000
5000

難，難不成是個高大的巨人？
嗨！
好巨大！
哇！
哇！

或者是超級有錢人？
幫我撿到了！
為了報答你，我送你寶貝物吧！

嗯——
掉在哪裡了呢～
毫米君

啊！公尺君
寶物寶物～

那個不是？
找到了！

公尺君
那個是…
咦！

你看你看～我撿到5000m超巨大房屋的設計圖耶！
搞不好失主會送我寶物呢～

？
……

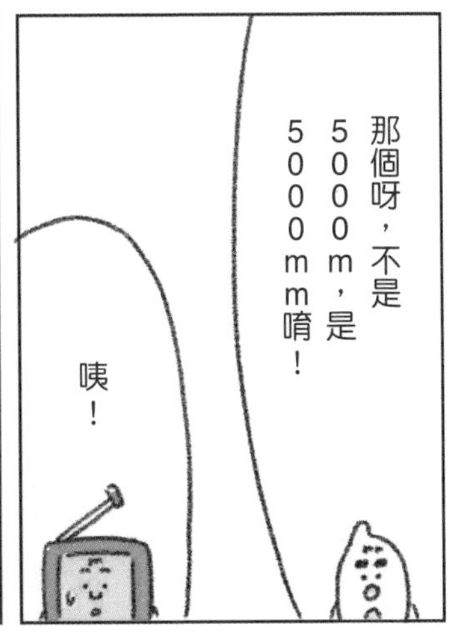
那個呀，不是5000m，是5000mm唷！
咦！

而且，那還是我的圖紙。
背面有我的記號吧！

設計圖基本上都是用毫米標示尺寸的喔。
沒事吧？
怎麼這樣～

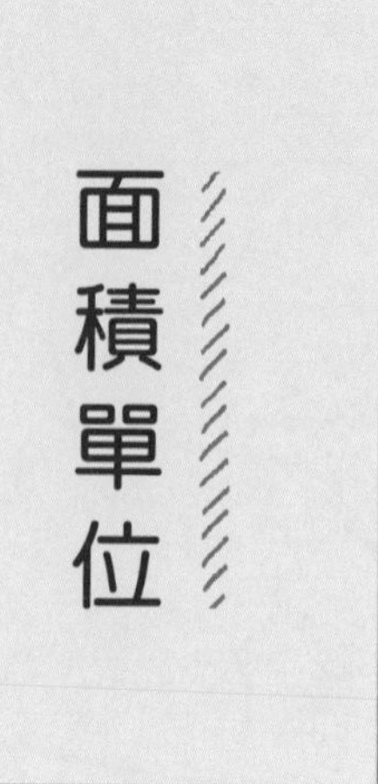

面積單位

公尺也可以用來表示面積。
公尺是很方便的唷~

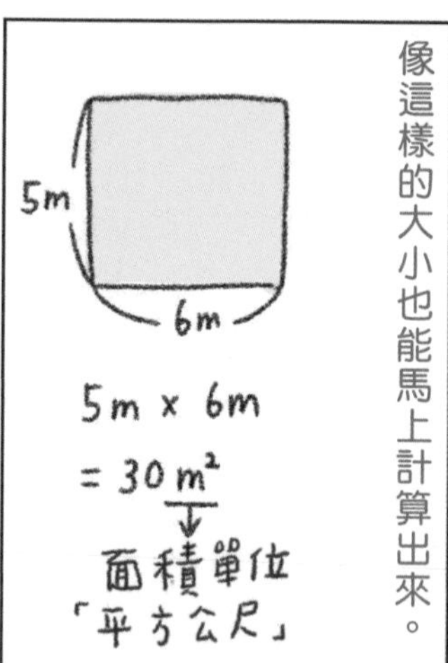

像這樣的大小也能馬上計算出來。
5m
6m
5m × 6m
= 30m²
面積單位「平方公尺」

順帶一提，所謂「平方」，
就是「相同東西乘上2次」的意思喔。
平方公尺
m²
m×m

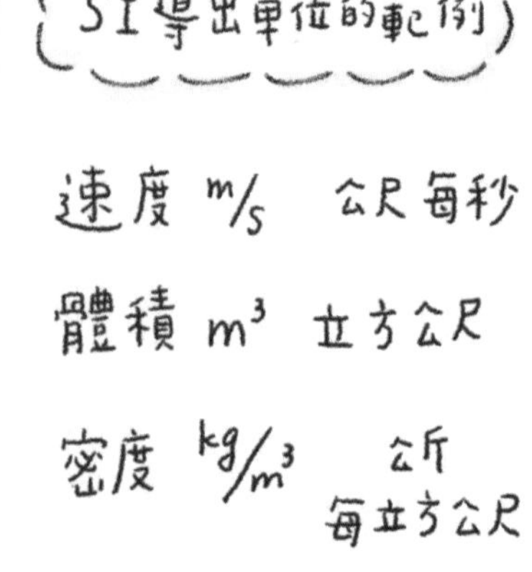

此外，像m²這樣，由SI基本單位組合而成的單位，稱為「SI導出單位」※
SI導出單位的範例
速度 m/s 公尺每秒
體積 m³ 立方公尺
密度 kg/m³ 公斤每立方公尺

※參閱P.18

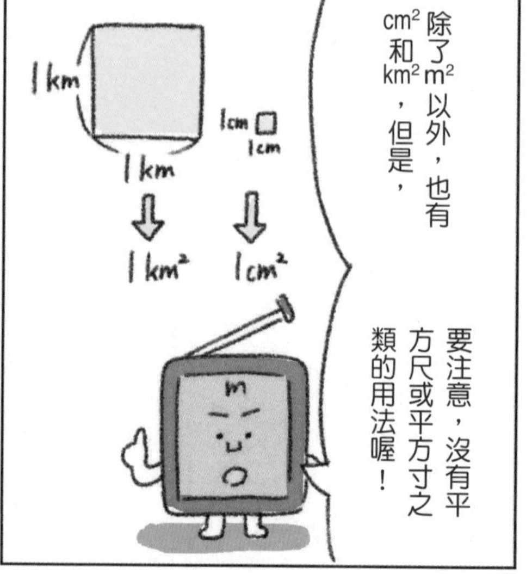

除了m²以外，也有cm²和km²，但是，
要注意，沒有平方尺或平方寸之類的用法喔！
1km
1km
1cm
1cm
1km²
1cm²

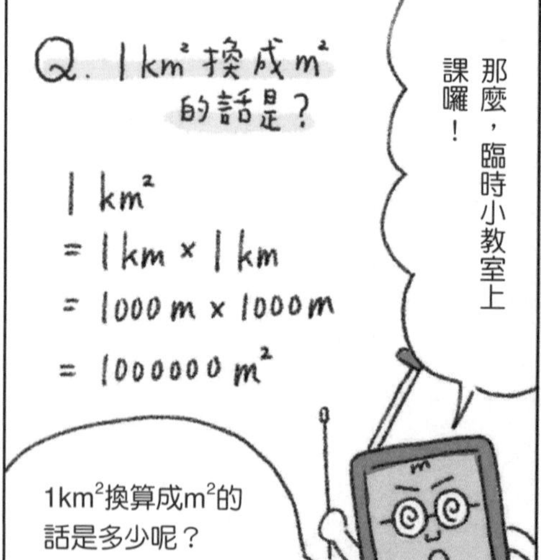

那麼，臨時小教室上課囉！
Q. 1km²換成m²的話是？
1km²
= 1km × 1km
= 1000m × 1000m
= 1000000m²
1km²換算成m²的話是多少呢？

提到面積，可不能忘了——他！
公畝君
公頃君
名稱：公畝、公頃
符號：a、ha
分類：SI並用單位

我們的定義是這樣。
1a = 100m²
1ha = 10000m²

如果把m²、km²、a、ha畫成圖，就像這種感覺。
1km²
×100
ha
×100
a
×100
1m²
成功的填補m²和km²中間的空缺～
沒錯！
咻！
咻！

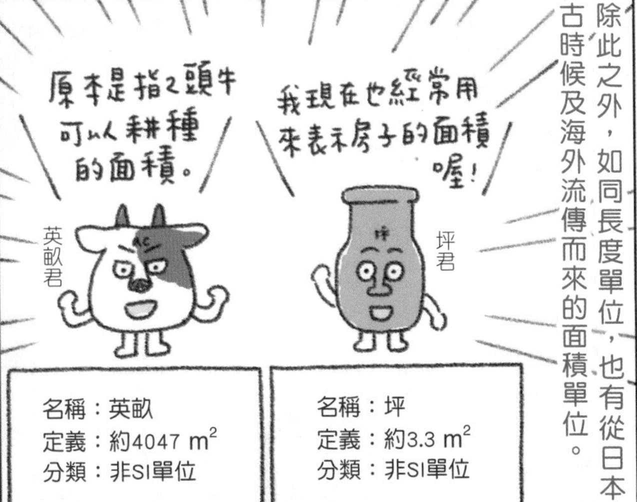

除此之外，如同長度單位，也有從日本古時候及海外流傳而來的面積單位。
我現在也經常用來表示房子的面積喔！
原本是指2頭牛可以耕種的面積。
坪君
英畝君
名稱：坪
定義：約3.3 m²
分類：非SI單位
名稱：英畝
定義：約4047 m²
分類：非SI單位

如上所說，有很多種面積單位，但基本上還是要使用m²和km²喔～
你想得美～

體積單位

除了面積之外，公尺也能用來表示體積。
我果然很方便！

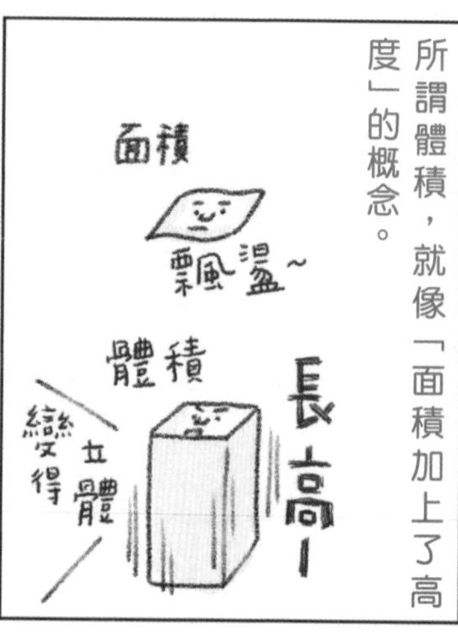

所謂體積，就像「面積加上了高度」的概念。
面積
飄盪～
體積
長高！
變得立體

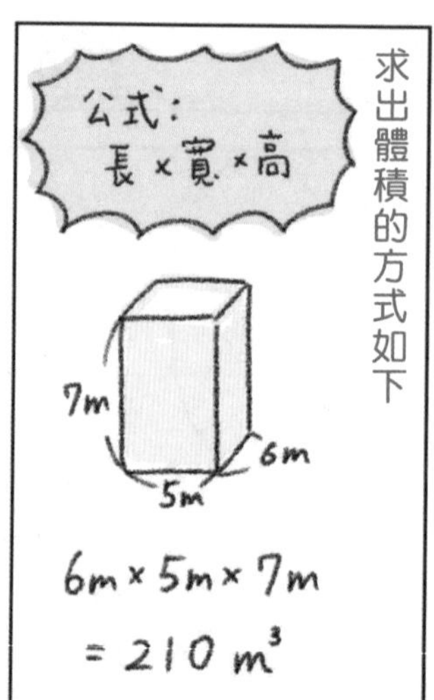

求出體積的方式如下
公式：長×寬×高
7m
6m
5m
6m×5m×7m
=210 m³

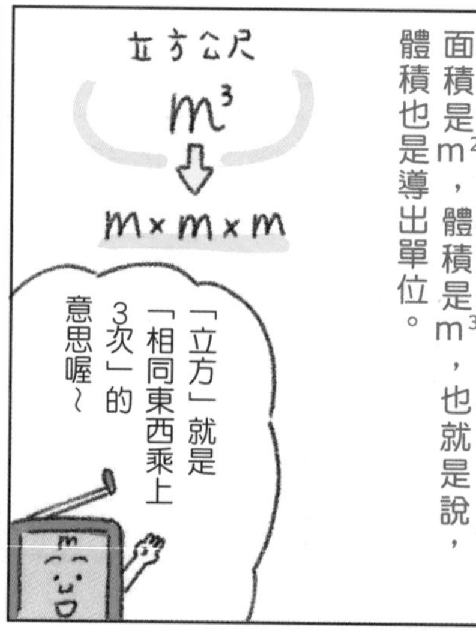

面積是m²，體積是m³，也就是說，體積也是導出單位。
立方公尺
m³
m×m×m
「立方」就是「相同東西乘上3次」的意思喔～

接著
就來介紹日常生活中常見到的體積單位～

首先是這位
我常用在量杯上喔！
cc君
名稱：cc，量：體積
符號：cc，定義：1 cm³
分類：非SI單位

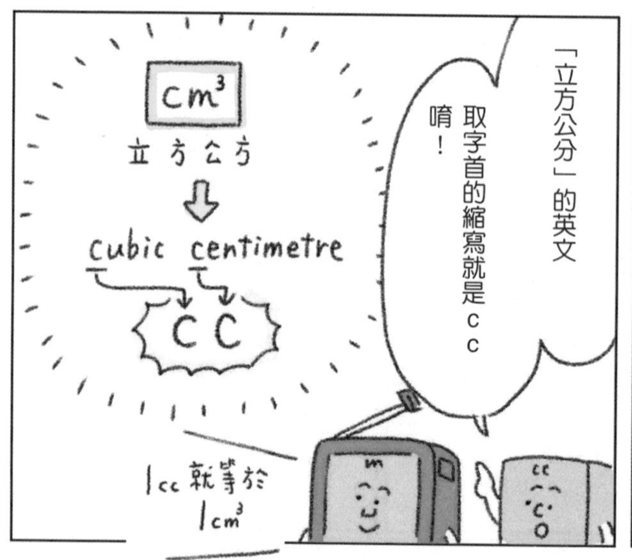

「立方公分」的英文取字首的縮寫就是cc唷！
cm³
立方公分
cubic centimetre
cc
1cc就等於1cm³

但是
人家名字明明是從英文來的，
卻不能當作國際通用的單位。
因為是非SI…

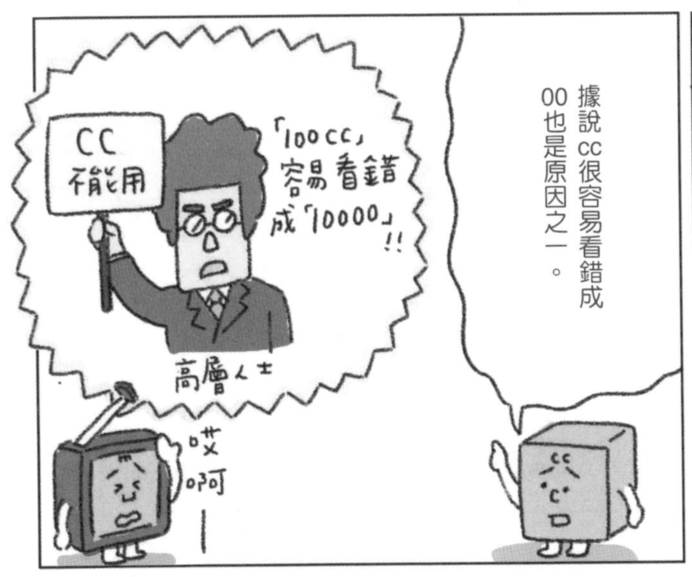
據說cc很容易看錯成00也是原因之一。
「100cc」容易看錯成「10000」!!
CC不能用
高層人士
哎啊——

好了！來轉換一下心情。
接下來就由我來介紹!!

公升君
我的1000倍容量就是這一位～
1L就是1000cc
也就等於1000cm³的量～
名稱：公升，量：體積，符號：l、L
定義：1000 cm²，分類：SI並用單位

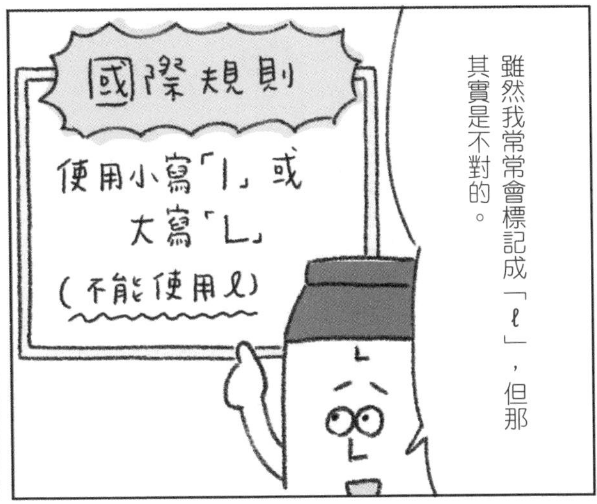
雖然我常常會標記成「ℓ」，但那其實是不對的。
國際規則
使用小寫「l」或大寫「L」
（不能使用ℓ）

但是，小寫「l」常被誤認為數字1，
所以建議使用大寫L喔！
點頭！

雖然很突然，
接下來是
公升益智問答！

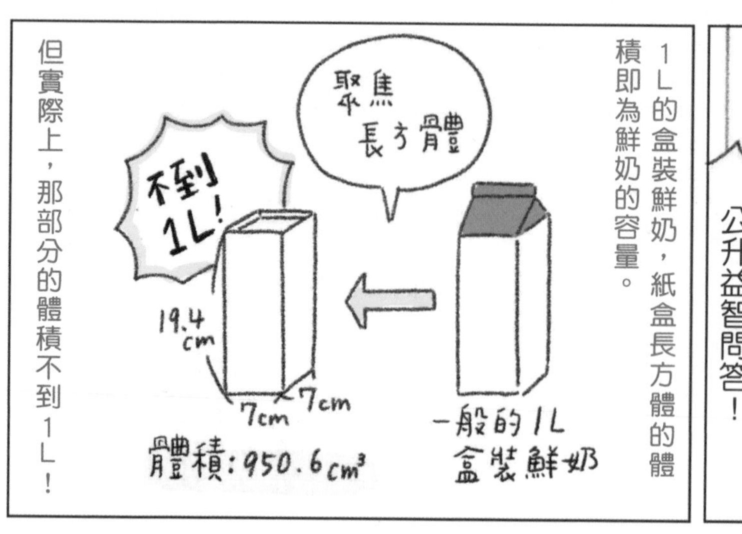
1L的盒裝鮮奶，紙盒長方體的體積即為鮮奶的容量。
聚焦
長方體
一般的1L
盒裝鮮奶
不到
1L!
19.4cm
7cm
7cm
體積：950.6cm³
但實際上，那部分的體積不到1L！

問題來了
1L的鮮奶要如何
裝入紙盒內呢？

蛤！
難不成

那個
「1L」的容量標示
是騙人的？
才不是呢！

答案是
因為鮮奶的紙
盒會膨脹

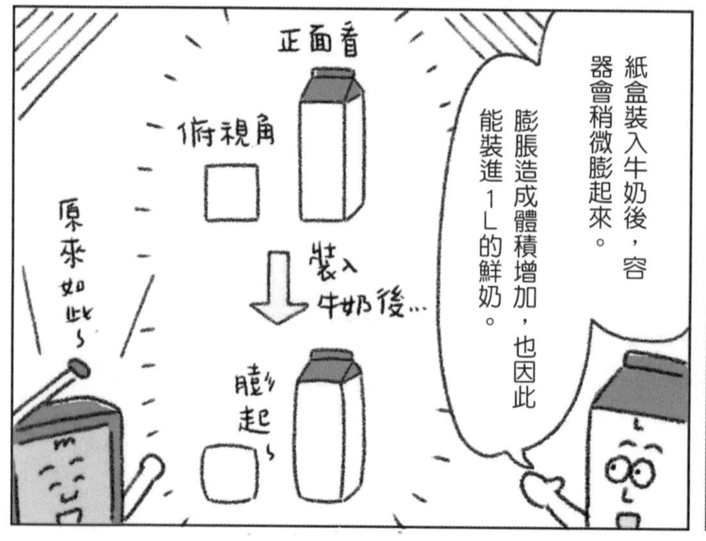
紙盒裝入牛奶後，容
器會稍微膨起來。
膨脹造成體積增加，也因此
能裝進1L的鮮奶。
正面看
俯視角
裝入
牛奶後…
膨
起
原來
如此～

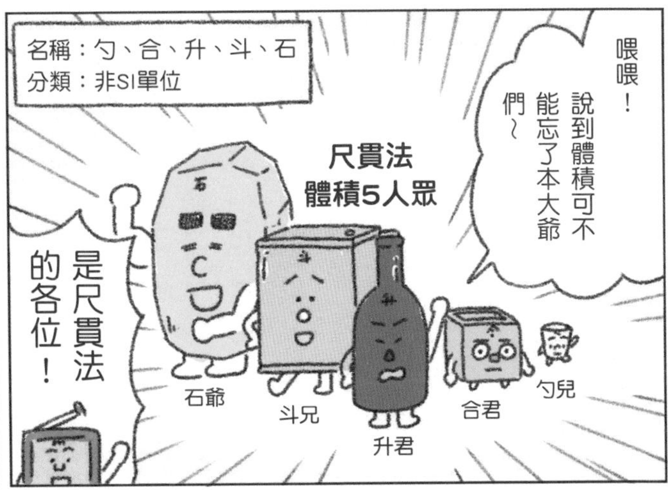

喂喂！說到體積可不能忘了本大爺們～
名稱：勺、合、升、斗、石
分類：非SI單位
尺貫法
體積5人眾
是尺貫法的各位！
石爺
斗兄
升君
合君
勺兒

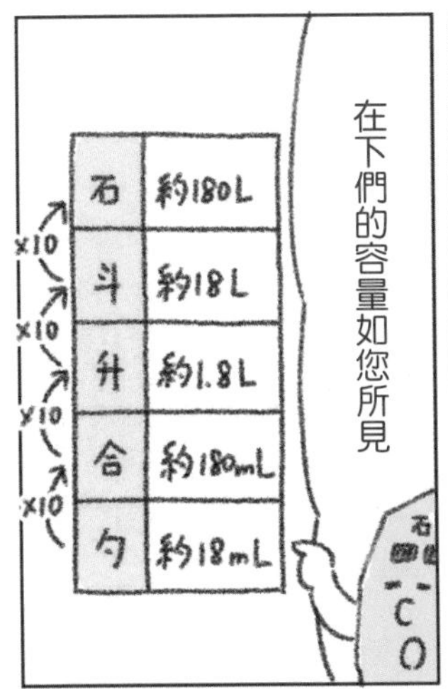

在下們的容量如您所見
石 約180L
斗 約18L
升 約1.8L
合 約180mL
勺 約18mL
x10
x10
x10
x10

就像寸和尺一樣
我們也不能用在商業交易上。
但是，在很多地方我們依然存在著。

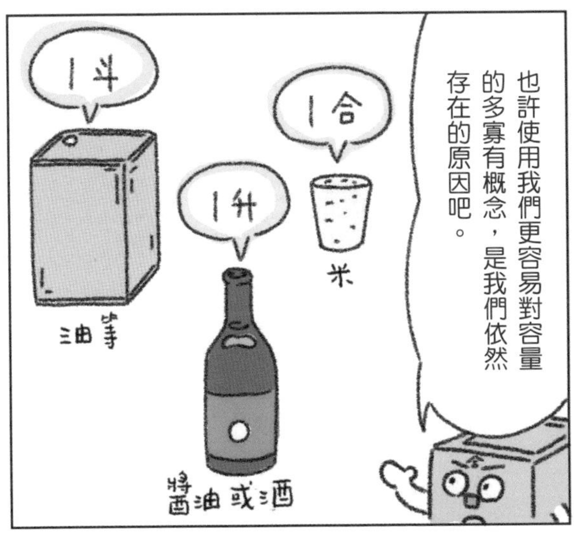

也許使用我們更容易對容量的多寡有概念，是我們依然存在的原因吧。
1斗
1合
1升
油等
米
醬油或酒

原來如此～
說起來，
石和勺又是用在哪裡呢？

喂！
哪壺不開提哪壺呀你～
消沉
嗚嗚
啊，對不起！
有點在意味！

COLUMN

一起出發吧！單位的「聖地」一日遊

平井亞紀子
產業技術綜合研究所 計量標準綜合中心
工學計測標準研究部門
奈米尺度標準研究小組組長

單位作為衡量萬物的標準，必須是無論何時何地何人都能夠通用，放諸四海皆準的存在，並且，必須以當時的量測技術中，最為精密的測定方式所訂定。因此，單位的制定，總是與當代最尖端的知識及技術運用密不可分。此外，為了讓人們捨棄慣用的舊單位，改用新單位，推展單位普及化的宣傳活動也是不可或缺的。接下來要介紹的單位「聖地」，就是如此能讓人感受到前人努力制定並普及單位的所在。

1790年代，科學家以通過巴黎的子午線弧長定義「公尺」的標準長度，但往前追溯約120年，天文學家皮卡爾德(Jean-Felix Picard)在1670年代就能以誤差不超過0.3%的精確度求出子午線弧長。巴黎天文台(Observatoire de Paris)有一間「子午線室」，不僅室內標示著子午線的位置，連草坪上也畫出了子午線。此外，1994年，為了紀念計算出巴黎經度的天文學家弗朗索瓦．阿拉戈(François Jean Dominique Arago)，將一百三十五塊，每塊直徑為十二公分，上面刻有浮體字「ARAGO」與南北方向「S」、「N」的黃銅大圓牌，沿着貫穿巴黎市中心的子午線，嵌置在地面上。雖然有幾塊黃銅牌已經不見了，但在羅浮宮及盧森堡公園依然能找到其蹤跡，旅途中試著找找看也是一種樂趣。

科學家根據子午線測量結果，以及一立方公寸蒸餾水的質量，製作出第一代公尺原器及公斤原器，不同於爾後問世的國際原器，第一代原器是純鉑金製的。第一代公尺原器的外觀呈長板狀，截面為約25×4 m^2的四方形，兩側截面的間隔正好為一公尺。第一代公尺原器及公斤原器存放於共和國檔案局(Archives de la République)，也因此有「檔案原器」的別稱。至今依然存放在法國國家檔案館的檔案原器雖然不對外公開，但同時製作好的原器複製品，目前公開展覽於同時也負責原器製作的法國國立工藝美術博物館

(Musée des Arts et Métiers)內，任何人都能入內參觀。

第一代公尺原器問世的1796年到1797年間，為了向大眾推廣公尺，巴黎市內的16個地點設置了大理石製的公尺原器。其中2處，芳登廣場（13 Place Vendôme）與沃日拉爾路（36 rue Vaugirard）的建築物牆壁上還留著當時的原器，兩塊金屬片以一公尺的間隔鑲嵌在牆上，每隔十公分，或一公分刻上刻度。同時，法國南部的阿格德（Agde）及克萊朗斯堡（La Bastide-Clairence），據說牆壁上也保留著1800年代時，市民為了對照一公尺的長度而設置於市場的公尺原器。

此外，您知道艾菲爾鐵塔的第一展望台下，刻著對科學有重大貢獻的七十二名法國科學家的名字嗎？前述的阿拉戈、測量子午線長度的德朗布爾、測量出一立方公寸水質量的拉瓦節、設計公尺原器的崔斯卡、成為單位名稱的安培及庫侖等科學家都在名單上，試著找找看吧。

日本也曾想盡辦法讓公尺普及化。據說昭和初期為了推行公制，從前許多小學會豎立的二宮金次郎像都打造成一公尺高。雖然，實際上並非一公尺高的雕像也很多，但位於神奈川縣小田原城旁邊的報德二宮神社，神社內的二宮金次郎像就標示著為了推行公制而打造成一公尺高的說明文字。此外，宮城縣藏王的刈田岳山頂上豎立的30公分寬、4公尺高的御影石材質指示牌，也是二戰前，宮城縣計量協會為了普及化公制所設置。

有機會的話，歡迎走訪這些「聖地」，一起緬懷先人的努力吧。也許還有很多沒有介紹到的單位聖地，在等待大家一起發掘。

嗚嗚……
嗚嗚……

叩可~還在消沉…

第 3 章

時間

秒大叔

人類生活中不可或缺的「時間」，實際上對於其他單位也是非常重要。

舉例來說，公尺的定義中就包含了時間。

也就是說，一旦「秒」出了問題，也會連帶導致公尺的定義出錯。

其他還有許多跟「時間」息息相關的單位，例如：安培（電流）和燭光（發光強度）等。

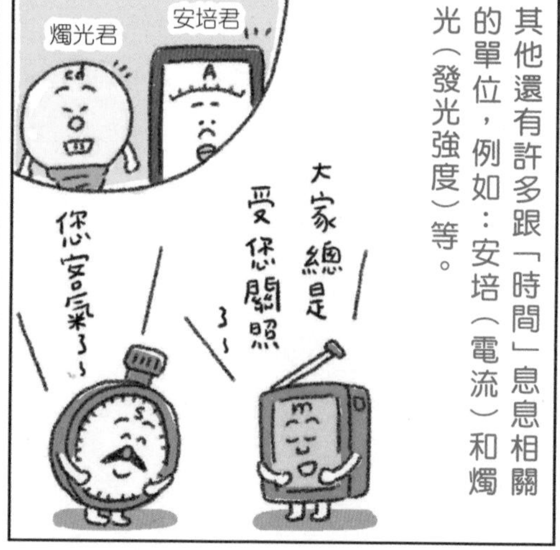

順帶一提，「時間」是目前能夠最精確測得的單位。

說到時間的特徵，一定會說到「六十進制」。
我是十進制，秒大叔是六十進制對吧？
★十進制
以十為基數，每滿十就進到下一位的數字系統。
幾乎所有單位都是十進位。
★六十進制
以六十為基數的進位法。
使用在記錄時間和角度等。
沒錯！因為「60秒為1分」。

說到底，時間為什麼是六十進制呢？
其實早在數千年前，時間就是六十進制了唷！
咦！這麼早就是了！

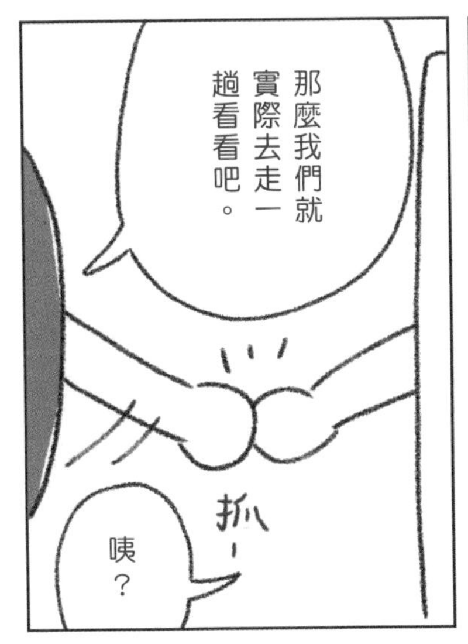
那麼我們就實際去走一趟看看吧。
抓！
咦？

前往古代巴比倫尼亞。
出發吧！
哇啊啊

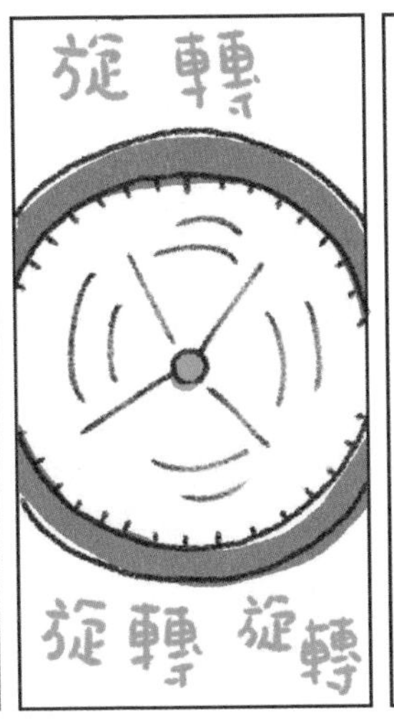
旋轉
旋轉 旋轉

"消失"

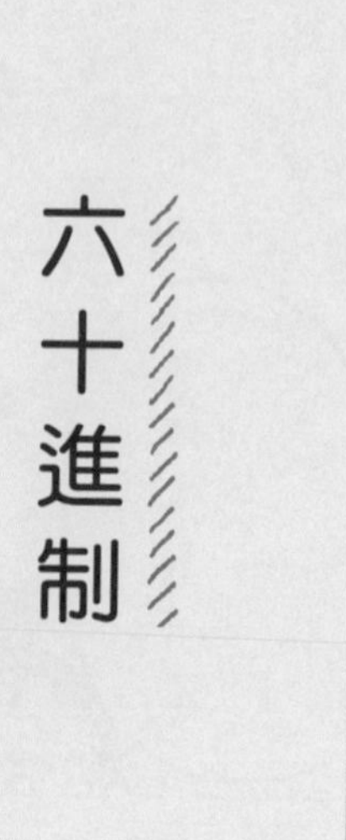

六十進制

同時，天文學也十分發達，當時人們已發現，太陽在天空移動720次剛好等於一天。

太陽

○○……○○

前進720個本身的距離剛好要花一天時間

720？

這剛好是60的倍數。

720＝12×60

真的耶！

因為這些緣由，發現時間和「60」這個數字的調性很合，

時間 ♥ 六十進制

就這麼一直沿用到今天呢！

沿用了幾千年也太厲害了！

沙沙－

嗯？
誰在那裡？
糟糕！
對不起。

時間錯位中
對了，剛才說到六十進制一直沿用至今。
其實，歷史上也曾提議過，要將時間改成十進制唷！

時間錯位！

旋轉旋轉

1793年，時值法國大革命。
從現在開始要煥然一新！
時間也要改成十進制，就叫做「法國大革命曆法」！
法國大革命曆法
・1分鐘→100秒
・1小時→100分鐘
・1天→10小時
・1週→10天
所謂「曆法」，簡單說就是「日曆」。

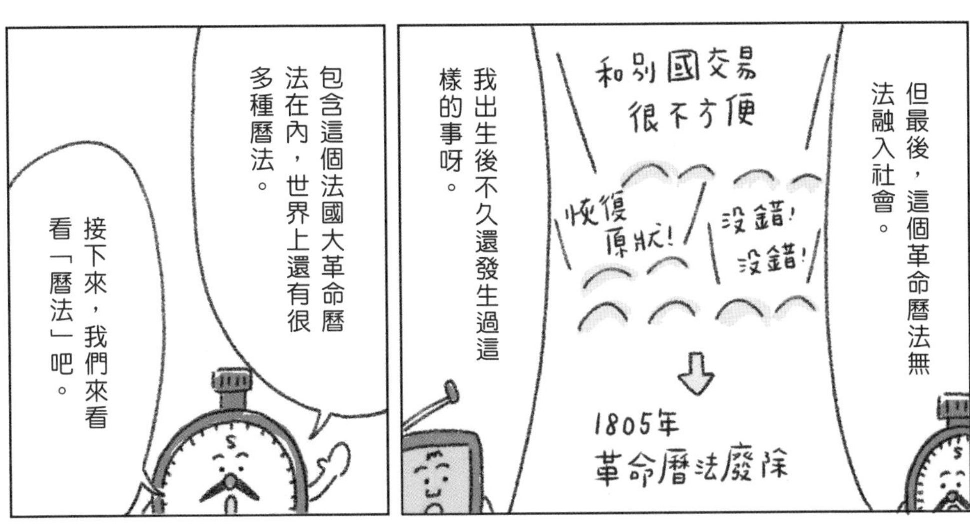

但最後，這個革命曆法無法融入社會。
和別國交易很不方便
恢復原狀！
沒錯！沒錯！
1805年 革命曆法廢除
我出生後不久還發生過這樣的事呀。
包含這個法國大革命曆法在內，世界上還有很多種曆法。
接下來，我們來看看「曆法」吧。

曆法

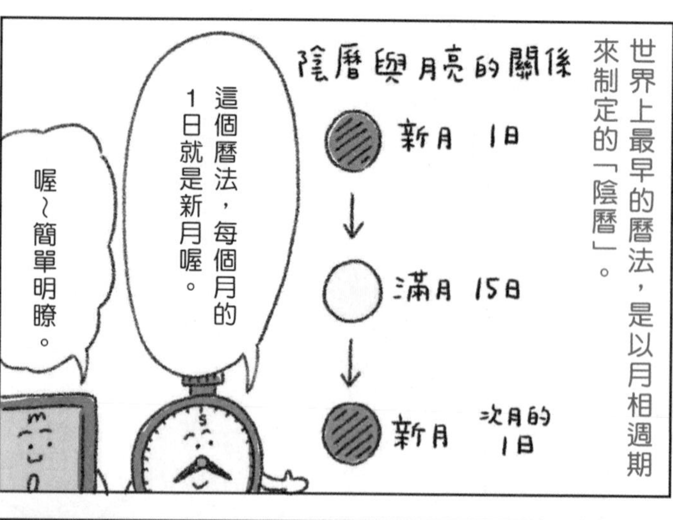
世界上最早的曆法，是以月相週期來制定的「陰曆」。
陰曆與月亮的關係
新月 1日
滿月 15日
新月 次月的1日
這個曆法，每個月的1日就是新月喔。
喔～簡單明瞭。

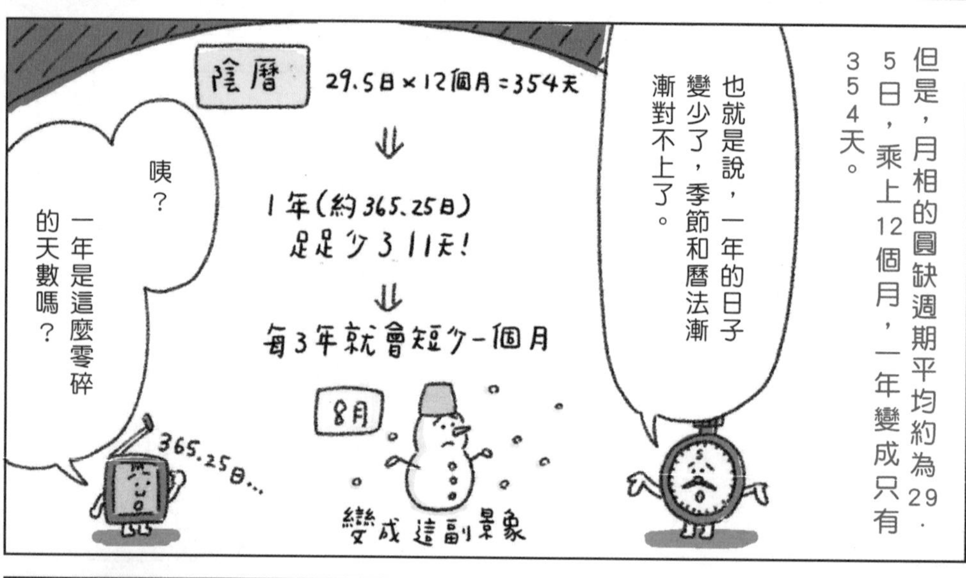
但是，月相的圓缺週期平均約為29.5日，乘上12個月，一年變成只有354天。
陰曆 29.5日×12個月=354天
1年（約365.25日）足足少了11天！
每3年就會短少一個月
也就是說，一年的日子變少了，季節和曆法漸漸對不上了。
8月
變成這副景象
咦？一年是這麼零碎的天數嗎？
365.25日…

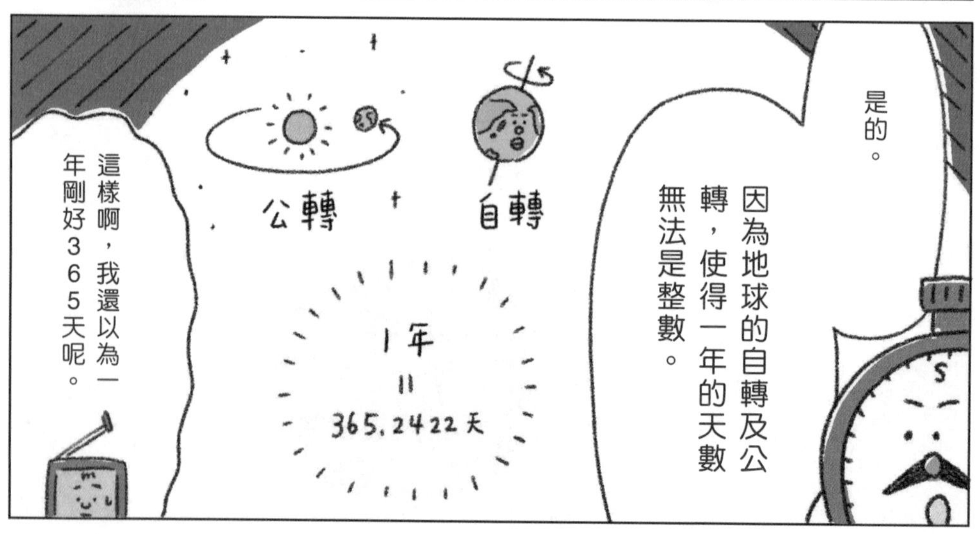
公轉
自轉
1年＝365.2422天
是的。
因為地球的自轉及公轉，使得一年的天數無法是整數。
這樣啊，我還以為一年剛好365天呢。

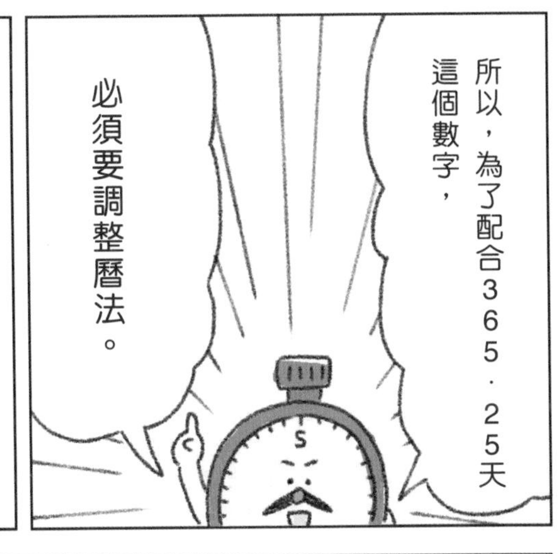

所以，為了配合365.25天這個數字，
必須要調整曆法。

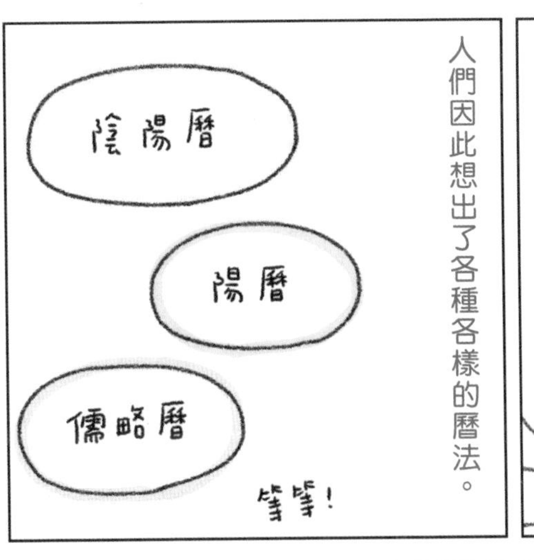

人們因此想出了各種各樣的曆法。
陰陽曆
陽曆
儒略曆
等等！

然後十六世紀，「格里曆」誕生了。
改曆囉～
格里曆的閏年規則
①.西曆中可被4整除的年份即為閏年。
②.符合①並且可被100整除的年份，非閏年。
③、符合②並且可被400整除的年份，定為閏年。
直到現在，格里曆仍是世界通用的曆法。

格列哥里十三世

舉例來說，閏年就像這樣設定的。

閏年範例

- 1880年是閏年（適用規則①）
- 1900年不是閏年（適用規則②）
- 2000年是閏年（適用規則③）

嗯嗯。

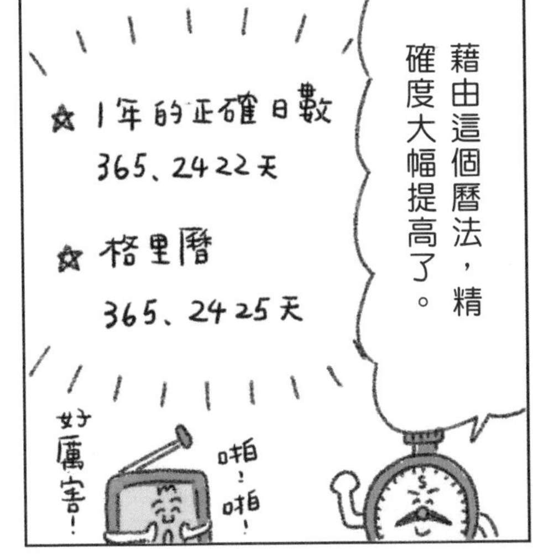

「秒」的定義

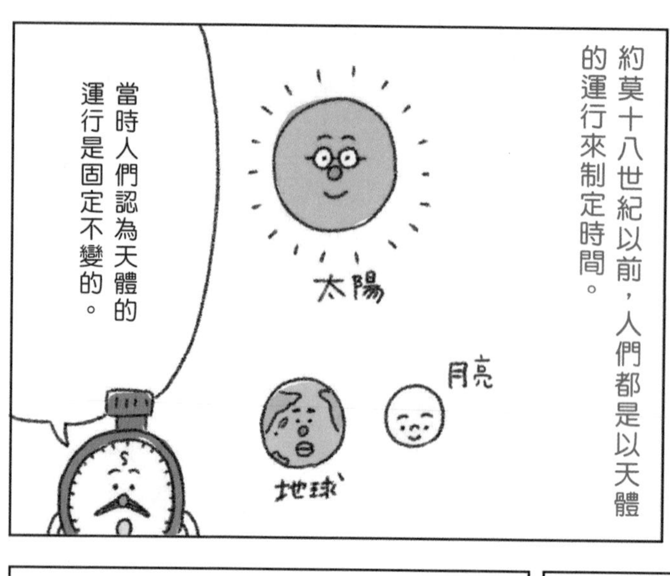

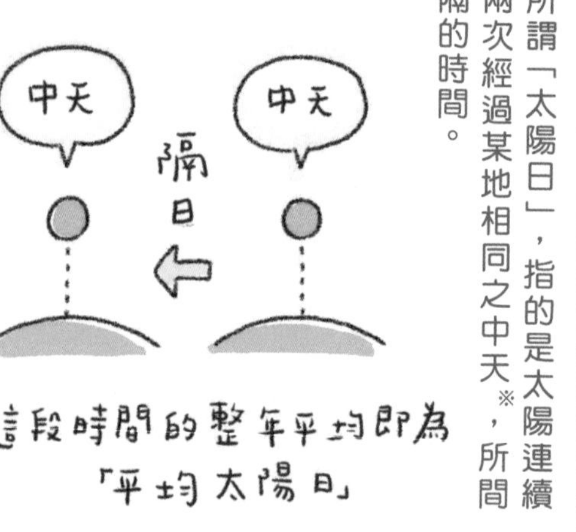

※中天：太陽通過當地子午圈的時刻

但是，到了二十世紀，觀測技術進步後，
喔！
地球的自轉速度在變慢！
天文學家
天文學家發現，地球的自轉速度並不是固定不變。

對了！

自轉不行的話，就改用公轉來定義吧！

太簡單了！

因此科學家變更秒的定義，但是，

約莫十年後，更加精確的定義誕生了。

滑倒

提高精確度的功臣就是這位！

銫原子~

大家好

Cs

銫133君

用我來制定的時間定義就是這個。

太難懂了，換個方式來說明吧。

現在一秒的定義

銫133原子於基態的兩個超精細能階間躍遷時，所對應輻射的9,192,631,770個週期的持續時間。

科學家已證實，在特定條件下，以頻率9192631770Hz的電磁波照射銫原子，就會改變銫原子的狀態。

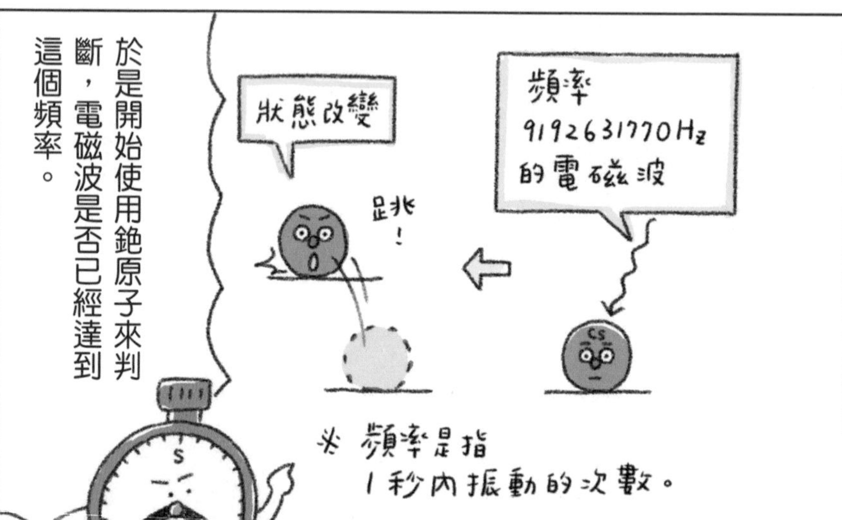

於是開始使用銫原子來判斷，電磁波是否已經達到這個頻率。

只要能製造出這種電磁波，這個理論也能成立。

頻率
9192631770Hz
也就是說
⇓
1秒內振動
9192631770次
⇓
這個電磁波振動
9192631770次的時間
就是1秒！

就這樣，用這個定義做出的「原子鐘」※，終於正確的刻畫時間。

※原子鐘：參閱P.68

「秒」定義的歷史

～1956年

平均太陽日的 $\frac{1}{86400}$

※86400=24×60×60

以地球自轉（一天）為基準。

1956～1967年

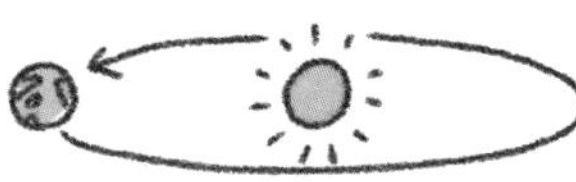

1900年1月0日（曆書時）起算的回歸年的※ $\frac{1}{31556925.9747}$

※回歸年：太陽通過黃道上的春分點後，再回到相同的點所經歷的時間。

秒的基準從地球自轉變成公轉。

1967年～

銫133原子於基態的兩個超精細能階間躍遷時，所對應輻射的9,192,631,770個週期的持續時間。

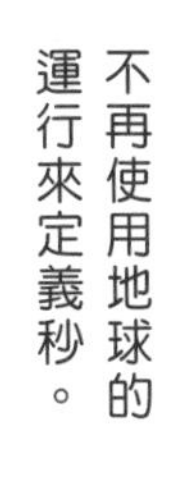

不再使用地球的運行來定義秒。

秒大叔小檔案

單位符號　**s**

定義

銫133原子於基態的兩個超精細能階間躍遷時，所對應輻射的9,192,631,770個週期的持續時間。

時間範例

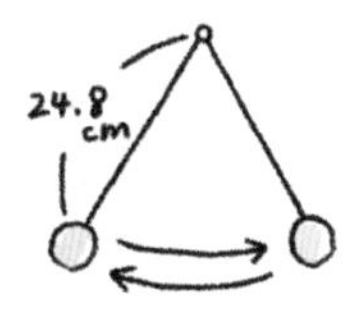

擺長24.8 cm的鐘擺來回擺動一次的時間
約1s

月光到達地球所需要的時間
約1s

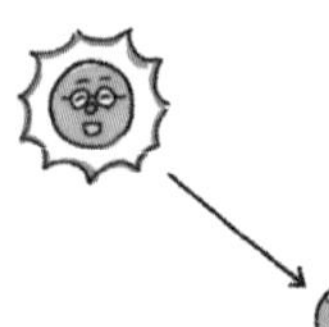

太陽發出的光到達地球所需要的時間
約500s

小情報

「秒」這個字，象徵稻穀前端的穗毛，有「微弱、微少」之意。

專長

計量時間

個性

禮貌又守時

趣味小漫畫
秒大叔的專長

時鐘的歷史

如同「秒」的定義不斷進化一般，時鐘的設計也一直在進化。
2:05
沒有時鐘就無法知道時間喔！

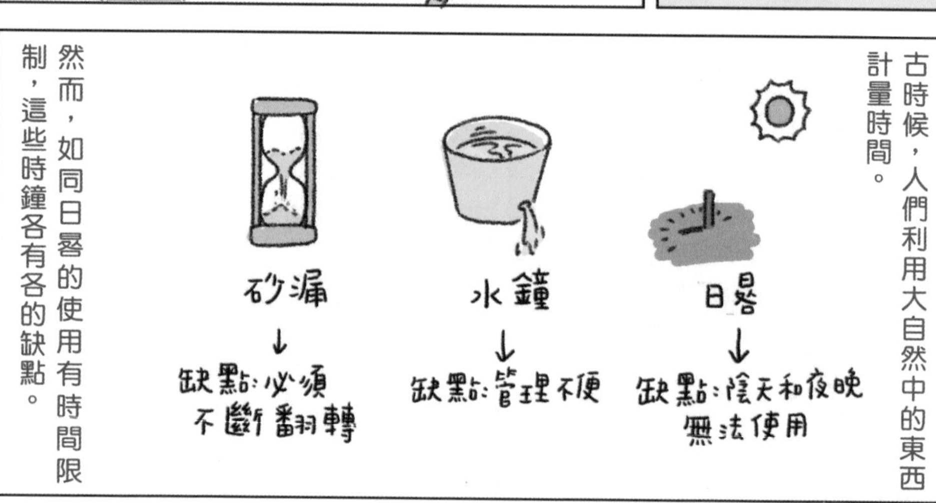
古時候，人們利用大自然中的東西計量時間。
日晷
↓
缺點：陰天和夜晚無法使用
水鐘
↓
缺點：管理不便
砂漏
↓
缺點：必須不斷翻轉
然而，如同日晷的使用有時間限制，這些時鐘各有各的缺點。

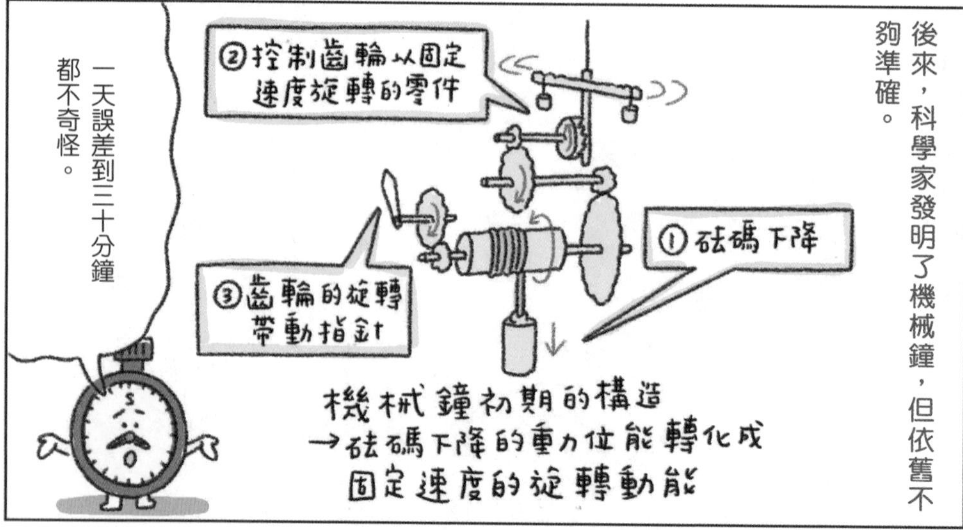
後來，科學家發明了機械鐘，但依舊不夠準確。
②控制齒輪以固定速度旋轉的零件
①砝碼下降
③齒輪的旋轉帶動指針
機械鐘初期的構造
→砝碼下降的重力位能轉化成固定速度的旋轉動能
一天誤差到三十分鐘都不奇怪。

但是，十六世紀出現了一位天才。
伽利略·伽利萊
（青年時代）

某一天，伽利略在教堂看著擺動的吊燈，發現了一件事。
奇怪？
明明擺動的幅度不一樣，但來回的時間似乎一樣。

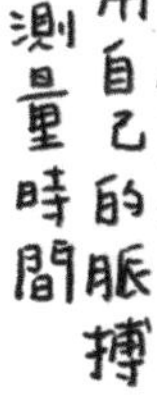
用自己的脈搏測量時間

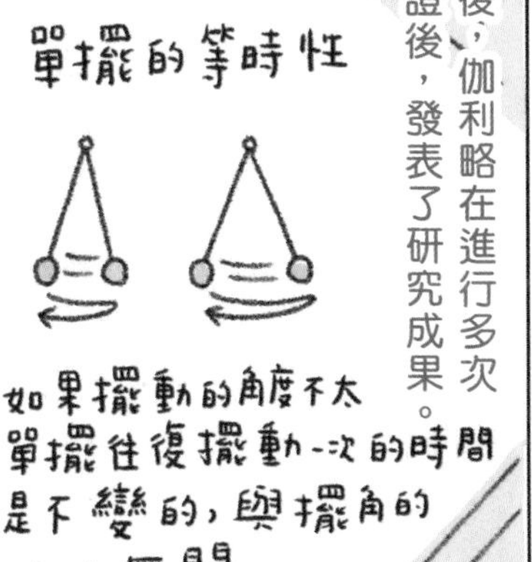
然後，伽利略在進行多次驗證後，發表了研究成果。
單擺的等時性
如果擺動的角度不太
單擺往復擺動一次的時間
是不變的，與擺角的
大小無關。

伽利略想利用這個原理製造出精確的時鐘，但終究沒有成功。
啪嗒！
遺憾…

但不久後，荷蘭的惠更斯成功利用此原理製造出擺鐘。
伽利略先生，我成功了！
荷蘭的天文學家
惠更斯先生

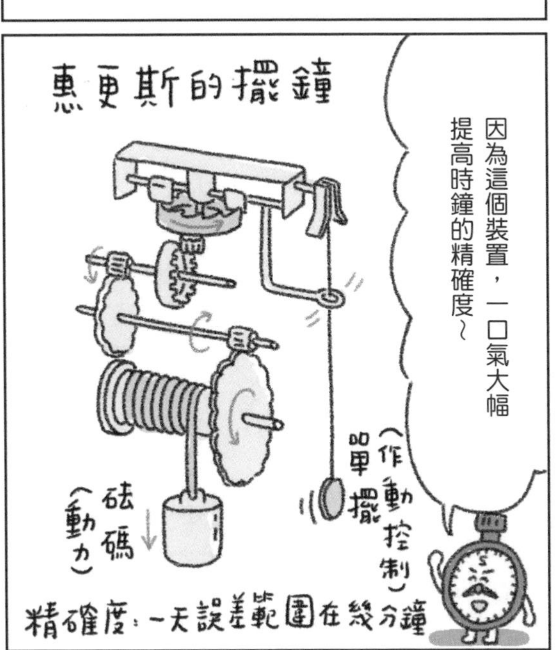
惠更斯的擺鐘
因為這個裝置，一口氣大幅提高時鐘的精確度～
單擺（作動控制）
砝碼（動力）
精確度：一天誤差範圍在幾分鐘

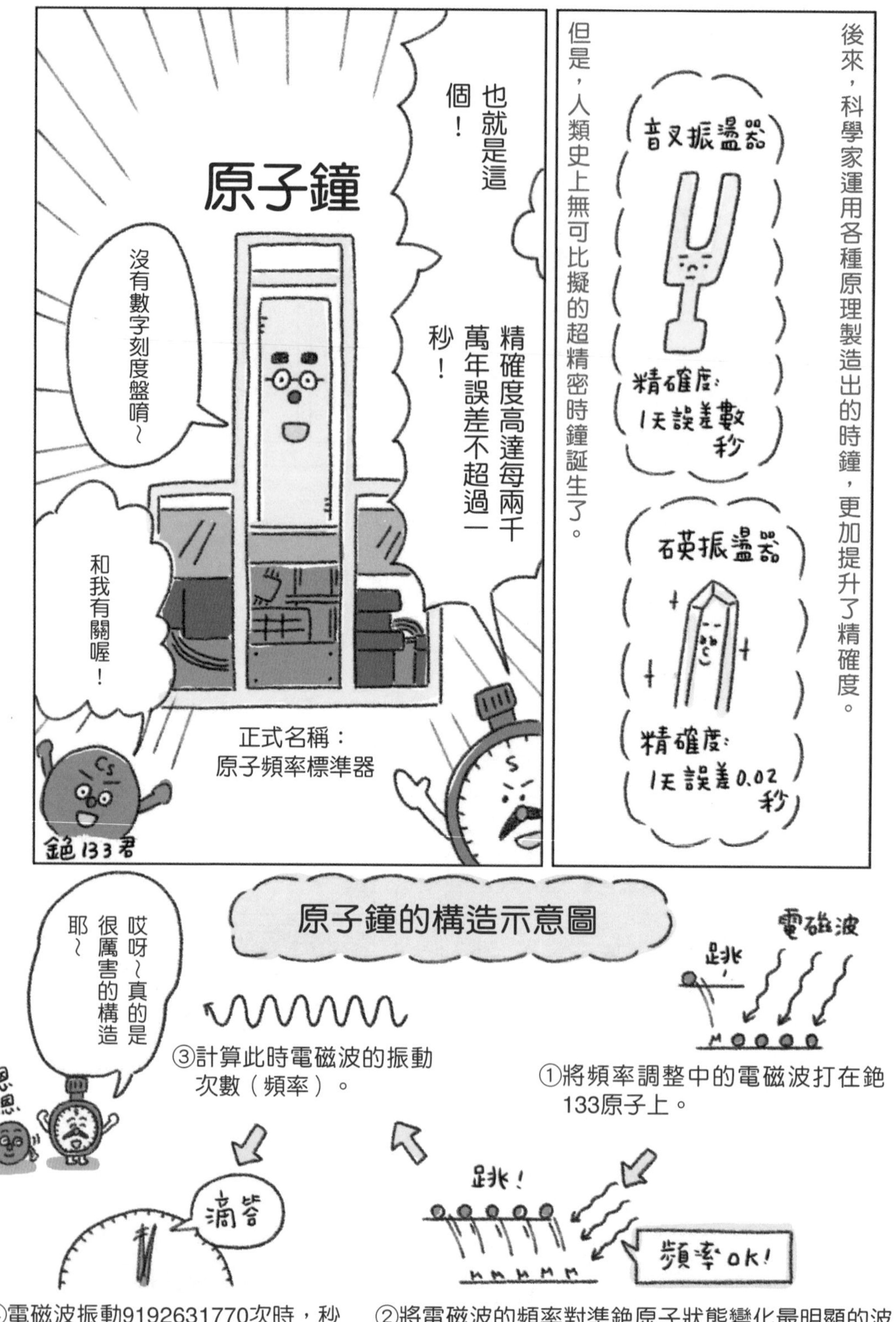
後來，科學家運用各種原理製造出的時鐘，更加提升了精確度。
音叉振盪器
精確度：1天誤差數秒
石英振盪器
精確度：1天誤差0.02秒
但是，人類史上無可比擬的超精密時鐘誕生了。
也就是這個！
原子鐘
精確度高達每兩千萬年誤差不超過一秒！
沒有數字刻度盤唷～
和我有關喔！
正式名稱：原子頻率標準器
銫133君
原子鐘的構造示意圖
哎呀～真的是很厲害的構造耶～
嗯嗯
電磁波
跳
①將頻率調整中的電磁波打在銫133原子上。
跳！
頻率OK！
②將電磁波的頻率對準銫原子狀態變化最明顯的波段（這時候是9192631770 Hz）。
③計算此時電磁波的振動次數（頻率）。
滴答
④電磁波振動9192631770次時，秒針前進一秒。

但是原子鐘太過於精確，反而成了缺陷。

精確的原子鐘時間，經過一段時期後，會漸漸與依據地球運行產生的「世界時」不一致。

以原子鐘為標準的時間

原子時：不變

以地球自轉為標準的時間

世界時：自轉速度變慢的影響下，一年會多出0.365秒。

也就是說，這樣下去時間與季節會漸漸對不上。

於是想出了這個方法！

閏秒

喔!!!

為了將原子時與世界時的誤差控制在0.9秒以內，每幾年就會以閏秒調整一次時間。

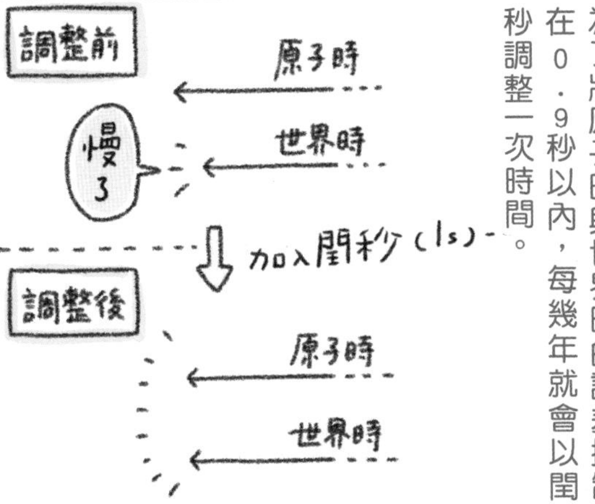

順帶一提，日本是在「九點」的那一瞬間加入閏秒。

8時59分58秒
↓ 滴答
8時59分59秒
↓ 滴答
8時59分60秒 閏秒
↓
9時00分00秒
↓ 滴答
9時00分01秒

這是因為，格林威治（英國）是在凌晨0點的時候調整閏秒。

趣味小漫畫
雷
天氣好像變壞了！
真討厭～
閃亮
哇——
對了，說起來雷聲。
嗯！嗯！
滴滴……
轟隆轟隆
轟轟轟轟……
喔！
喀嚓
5.5s
雷聲比閃電慢到呢。
真不可思議～

這是因為比起光速，聲音的速度比較慢的關係。
光的速度
299792458 m/s
聲音的速度
約340 m/s

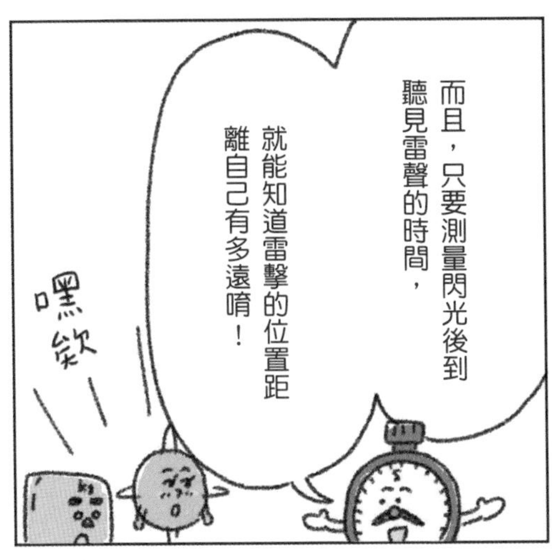
而且，只要測量閃光後到聽見雷聲的時間，
就能知道雷擊的位置距離自己有多遠唷！
嘿欸

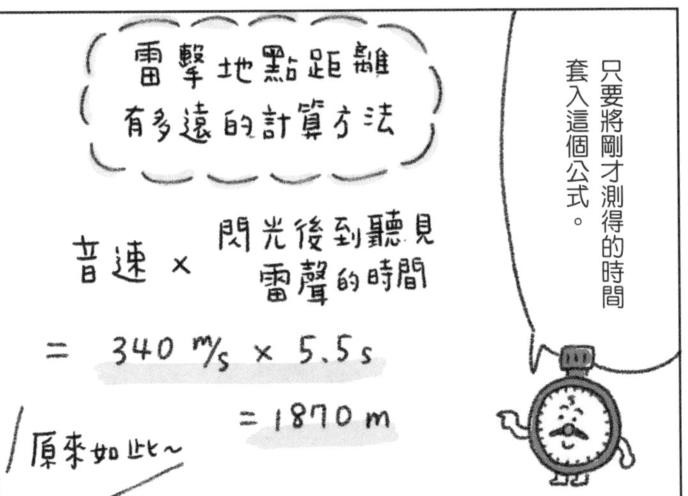
只要將剛才測得的時間套入這個公式。
雷擊地點距離有多遠的計算方法
音速 × 閃光後到聽見雷聲的時間
= 340 m/s × 5.5s
= 1870 m
原來如此～

下次打雷時，可以算算看距離有多遠唷。

閃亮
滴滴滴……
喔～

轟隆
咔啦啦啦
呀！
驚嚇!!

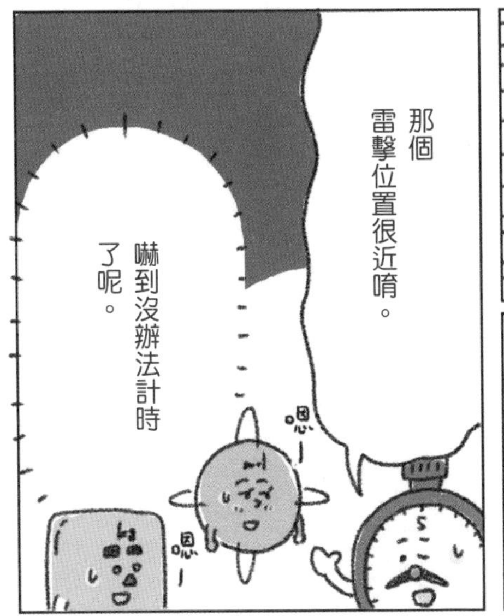
那個雷擊位置很近唷。
嚇到沒辦法計時了呢。
嗯－
嗯－

與時間有關的單位

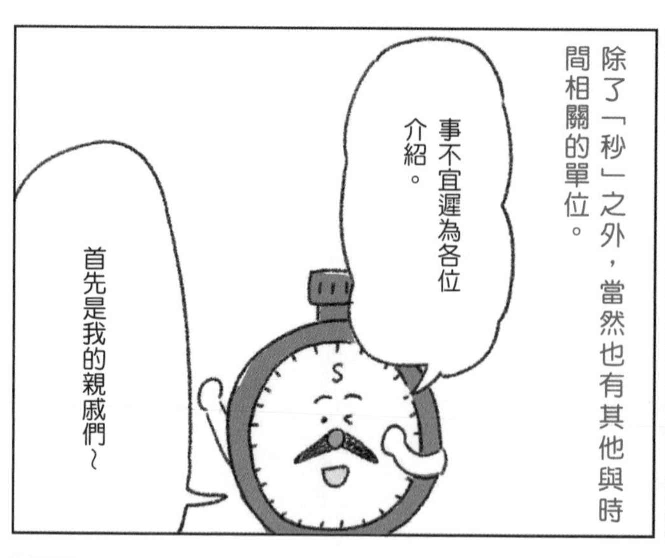

除了「秒」之外，當然也有其他與時間相關的單位。
事不宜遲為各位介紹。
首先是我的親戚們～

這幾位

終於輪到我們出場了～

名稱：分鐘、小時、日
量：時間
符號：min、h、d
定義：分鐘→60秒
小時→3600秒
日→86400秒

分大叔　時大叔　日大叔

還有，他們雖然是常見的單位，卻歸類為「能與SI並用的非SI單位」。

本大爺不在的話，你們可就麻煩了！

倒不如讓我們加入SI～

就是說！就是說！

息怒息怒。

接著要介紹的，是與時間有著密不可分關係的……
這位！

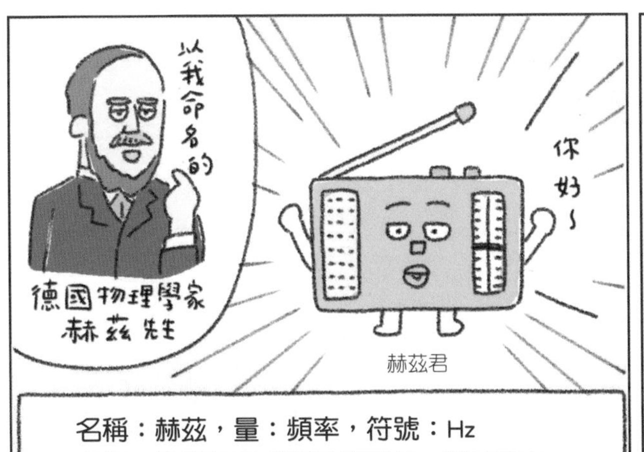
以我命名的
德國物理學家
赫茲先生
你好～
赫茲君
名稱：赫茲，量：頻率，符號：Hz
分類：擁有特定名稱及符號的SI導出單位

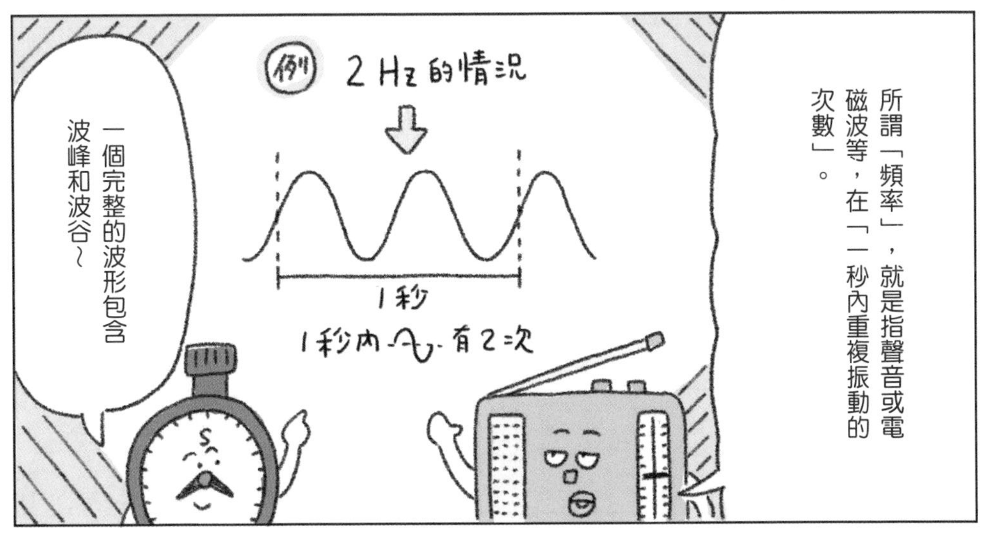
所謂「頻率」，就是指聲音或電磁波等，在「一秒內重複振動的次數」。
例 2 Hz的情況
1秒
1秒內 ∿ 有2次
一個完整的波形包含波峰和波谷～

順帶一提，因為我是「每秒的次數」，所以也可以用「s^{-1}」表示。
和「秒」真的是一體兩面呢！
1 Hz = 1 s^{-1}
s^{-1}就是$\frac{1}{s}$

接下來輪到……
要上囉

速度單位的介紹／
咻一

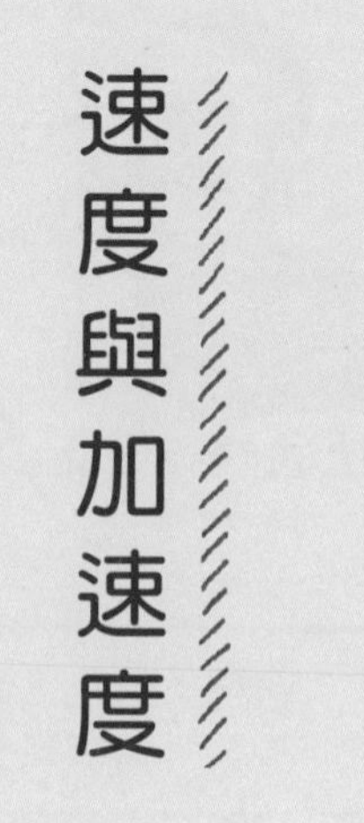
速度與加速度

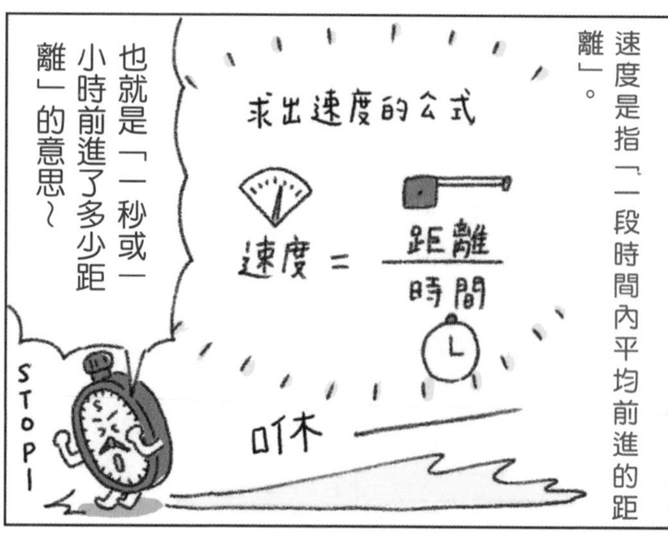
速度是指「一段時間內平均前進的距離」。
求出速度的公式
速度 = 距離/時間
也就是「一秒或一小時前進了多少距離」的意思～
咻
STOP!

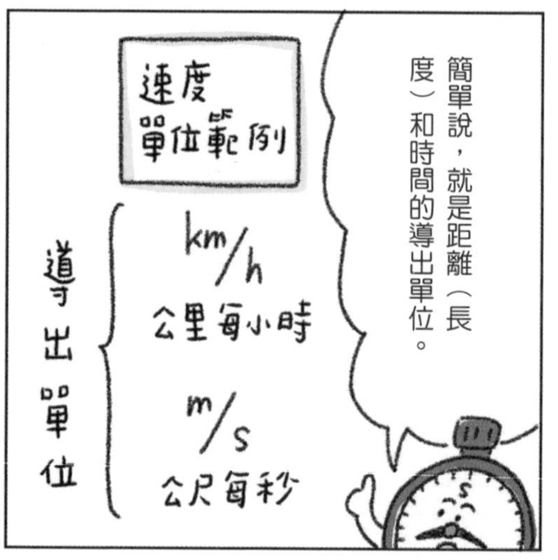
簡單說，就是距離（長度）和時間的導出單位。
速度單位範例
導出單位
km/h 公里每小時
m/s 公尺每秒

其中也有這種主要使用於航海的速度單位。
大家好
kn
節先生
名稱：節，符號：kn
分類：SI並用單位

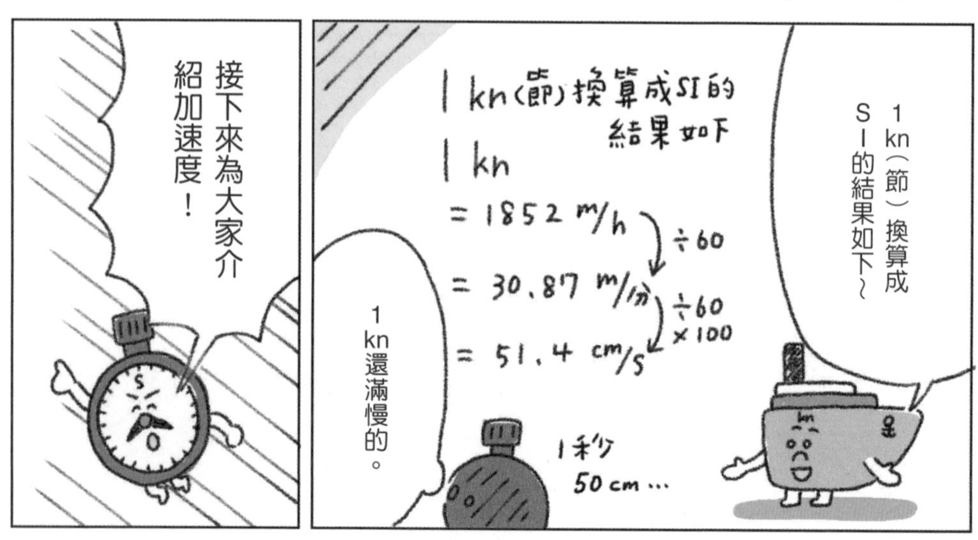
1 kn（節）換算成SI的結果如下～
1 kn(節) 換算成SI的結果如下
1 kn
= 1852 m/h
÷60
= 30.87 m/分
÷60 ×100
= 51.4 cm/s
1 kn還滿慢的。
1秒 50 cm…
接下來為大家介紹加速度！

加速度是指「平均每秒速度的變化率」。
加速度的單位
m/s²
也就是將速度單位m/s再次除以秒。

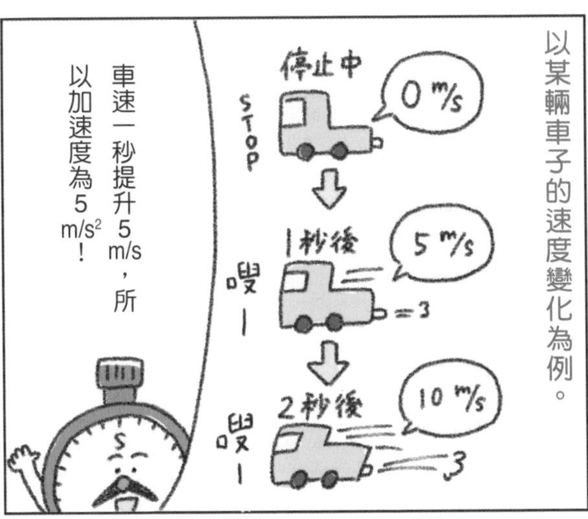
以某輛車子的速度變化為例。
停止中
STOP
0 m/s
1秒後
5 m/s
噗—
2秒後
10 m/s
噗—
車速一秒提升5 m/s，所以加速度為5 m/s²！

其中最有名的加速度莫過於這位。
重力加速度
G
G君
名稱：G，符號：G
量：加速度
分類：非SI單位

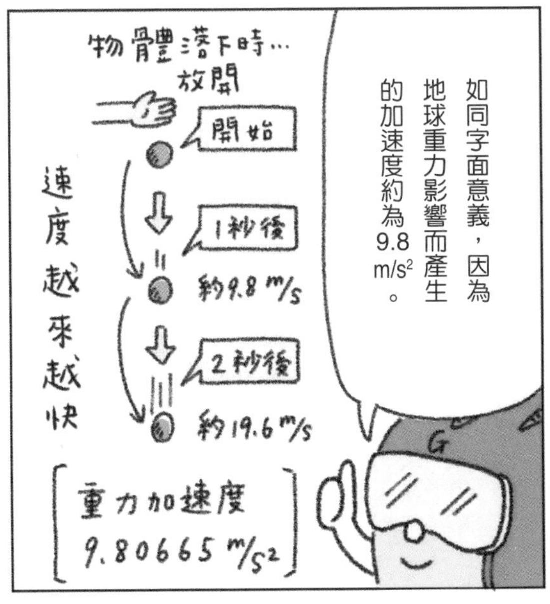
如同字面意義，因為地球重力影響而產生的加速度約為9.8 m/s²。
物體落下時…
放開
開始
1秒後
約9.8 m/s
2秒後
約19.6 m/s
速度越來越快
重力加速度
9.80665 m/s²

順帶一提，讓我誕生的人就是伽利略唷～
發現重力加速度—
好耶
伽利略・伽利萊
嗯嗯～伽利略先生果然很偉大呢～

COLUMN

淺談諾貝爾獎與單位

你知道嗎?每年為人津津樂道的諾貝爾獎，其實跟單位有著密不可分的關係。

1901年開始的世界級大獎——諾貝爾獎，是根據發明炸藥(dynamite)而名留青史的科學家阿爾弗雷德．諾貝爾的遺囑所創立。分別在物理學、化學、生理學或醫學、文學以及和平等五個領域設立獎項，用以獎勵「前一年為人類做出卓越貢獻的人」。

無獨有偶，法國為了紀念公制度量衡實施，原定發行的紀念獎章上刻著這樣一段話「獻給所有時代，獻給所有人民」。雖然這個獎章最後未能發行，但這段話代表著公制度量衡「超越時間與空間，放諸四海皆準」的理念，時常為世人所引用。

上述兩畫線的話，幾乎指向同一個目標。或許是因為如此，歷屆諾貝爾獎得主中，研究「單位」的獲獎者總是特別多。(特別是，諾貝爾物理學獎)

以下，就來實際舉例吧。

產業技術綜合研究所 計量標準綜合中心
物理計測標準研究部門
時間標準研究小組組長
安田正美

長度

邁克生(Albert Abraham Michelson)〔1907〕
▼發明干涉儀並進行長度的精密測量

紀堯姆(Charles Edouard Guillaume)〔1920〕
▼發現低熱膨脹係數材料銦鋼合金

質量

希格斯(Peter Ware Higgs)〔2013〕
▼質量的起源

時間(與長度相關)

斯特恩(Otto Stern)〔1943〕
▼研發出分子束方法

拉比(Isidor Isaac Rabi)〔1944〕
▼開發可識別原子核磁矩的核磁共振技術

庫施(Polykarp Kusch)〔1955〕
▼電子磁矩的精密測量

巴索夫(Nikolay Gennadiyevich Basov)、普羅霍羅夫(Alexander Michael Prochoroff)、湯斯(Charles Hard Townes)〔1964〕
▼量子電子學的基礎研究、發明邁射與

雷射

卡斯特勒(Alfred Kastler)〔1966〕

▶ 發明光激升技術

布隆伯根(Nicolaas Bloembergen)、肖洛(Arthur Leonard Schawlow)〔1981〕

▶ 對雷射光譜學發展的貢獻

德默爾特(Hans Dehmelt)、保羅(Wolfgang Paul)〔1989〕

▶ 開發離子阱技術

拉姆齊(Norman Foster Ramsey Jr.)〔1989〕

▶ 發明分離振盪場法以及其在氫激微波器與其他原子鐘的應用

朱棣文(Steven Chu)、科昂・唐努德日(Claude Cohen-Tannoudji)、菲利普斯(William Daniel Phillips)〔1997〕

▶ 發展用雷射冷卻和捕獲原子的方法

霍爾(John Lewis Hall)、亨施(Theodor Wolfgang Hänsch)〔2005〕

▶ 發展雷射精密光譜學、光頻梳技術

瓦恩蘭(David J. Wineland)〔2012〕

▶ 量測和操控個體量子系統

電流

湯姆森(Joseph John Thomson)〔1906〕

▶ 發現電子

密立根(Robert Andrews Millikan)〔1923〕

▶ 測定基本電荷

約瑟夫森(Brian David Josephson)〔1973〕

▶ 提出約瑟夫森效應的概念

馮・克立曾(Klaus von Klitzing)〔1985〕

▶ 發現量子霍爾效應

溫度

昂內斯(Heike Kamerlingh Onnes)〔1913〕

▶ 研究物質在低溫狀態下的性質並成功液化氦氣

物質的量（與質量相關）

馮・勞厄(Max von Laue)〔1914〕

▶ 發現晶體中的X射線繞射現象

布拉格父子(William Henry Bragg)(William Lawrence Bragg)〔1915〕

▶ 利用X射線測定晶體結構

發光強度（與溫度相關）

普朗克(Max Planck)〔1918〕

▶ 發現能量量子、確立普朗克輻射定律

赤崎勇(Akasaki Isamu)、天野浩(Amano Hiroshi)、中村修二(Nakamura Shuji)〔2014〕

▶ 發明高亮度藍色發光二極體

如何呢？獲頒諾貝爾獎的研究中，單位的研究確實數不勝數。

另外，許多重大科學發現對於單位的研究極其重要，這些新領域的發現者也是諾貝爾獎的常勝軍。例如，倫琴（1901，發現X射線），勞侖茲、塞曼（1902，電磁場對放射現象的影響的研究、塞曼效應），愛因斯坦（1921，對理論物理學的成就，特別是光電效應定律的發現），波耳（1922，對原子結構以及從原子發射出的輻射的研究）等。

還有很多有望獲得諾貝爾獎的單位研究持續進行中。其中，被大家寄予厚望，最接近諾貝爾獎的研究，莫過於「秒」的新定義的強力候補——光晶格鐘了。希望各位也一起關注今後的發展唷。

要怎樣才能成為SI的單位呢?
嗯～
不明白啊⋯

質量

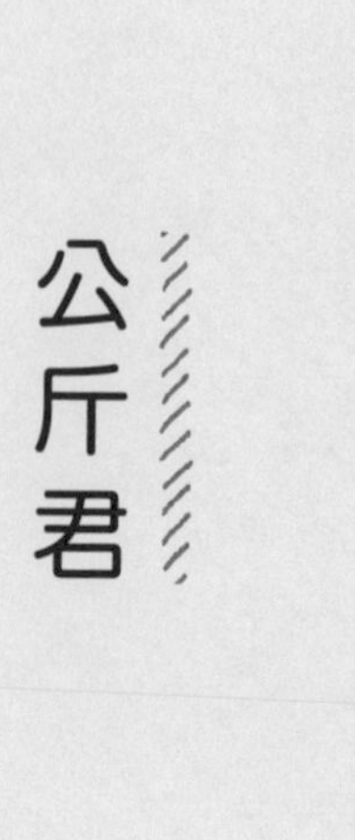
公斤君

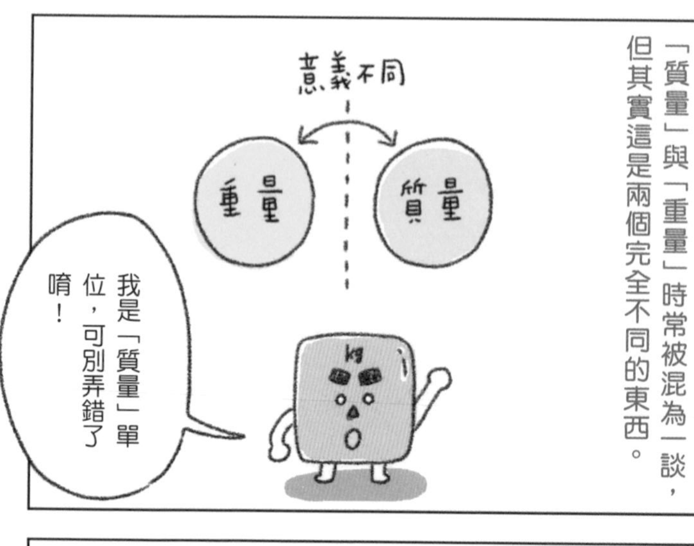
「質量」與「重量」時常被混為一談，但其實這是兩個完全不同的東西。
意義不同
質量
重量
kg
我是「質量」單位，可別弄錯了唷！

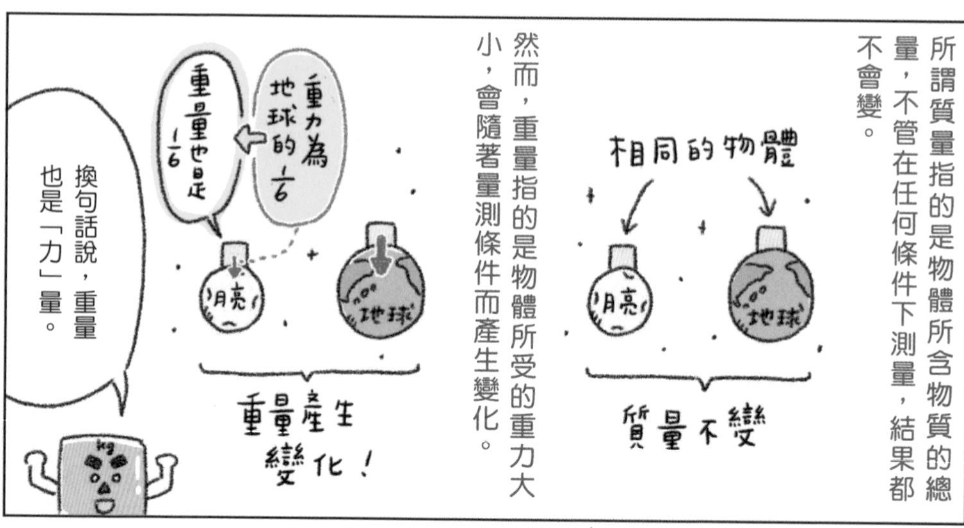
所謂質量指的是物體所含物質的總量，不管在任何條件下測量，結果都不會變。
相同的物體
地球
月亮
質量不變
然而，重量指的是物體所受的重力大小，會隨著量測條件而產生變化。
重力為地球的$\frac{1}{6}$
重量也是$\frac{1}{6}$
地球
月亮
重量產生變化！
換句話說，重量也是「力」量。

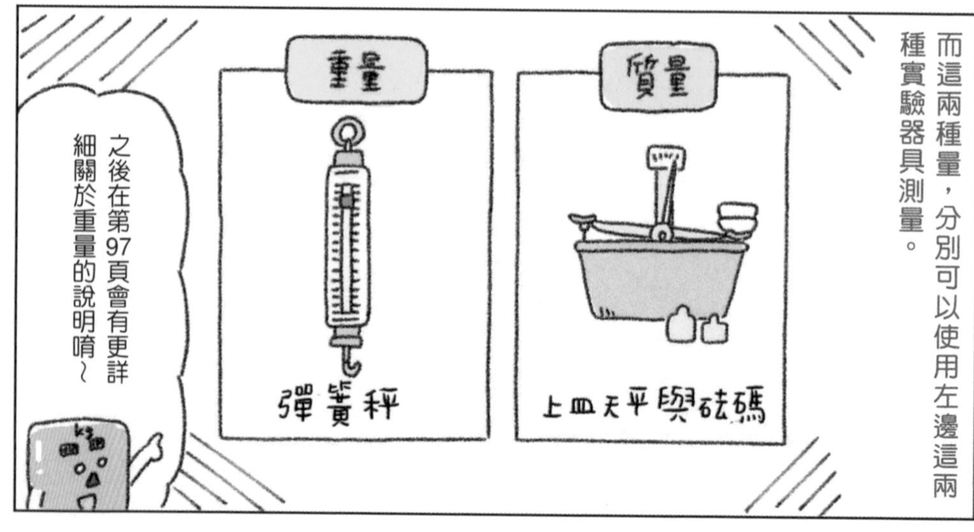
而這兩種量，分別可以使用左邊這兩種實驗器具測量。
質量
上皿天平與砝碼
重量
彈簧秤
之後在第97頁會有更詳細關於重量的說明唷～

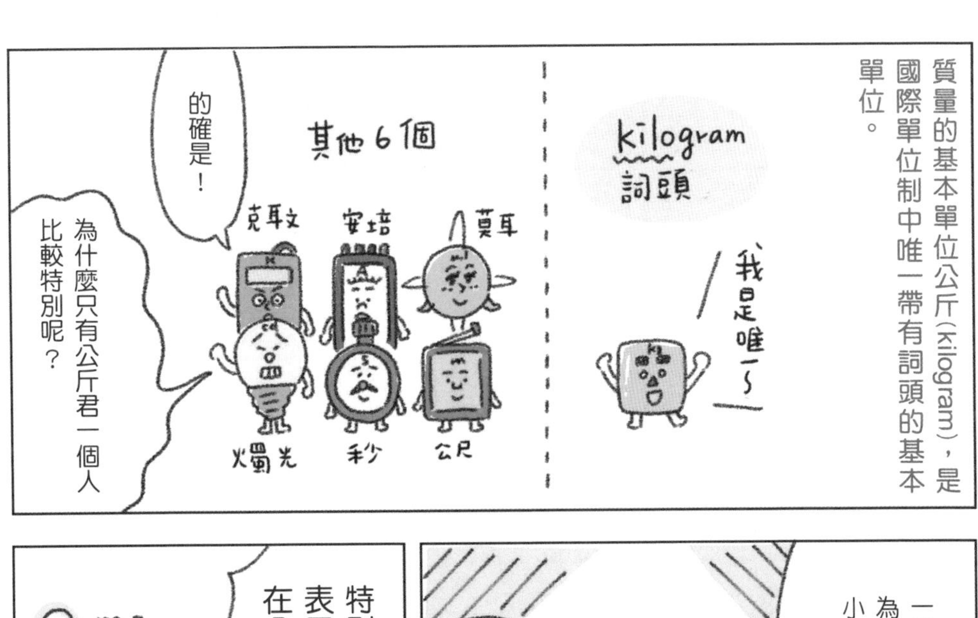

質量的基本單位公斤(kilogram)，是國際單位制中唯一帶有詞頭的基本單位。
kilogram
詞頭
我是唯一～
其他6個
莫耳
安培
克耳文
燭光
秒
公尺
的確是！
為什麼只有公斤君一個人比較特別呢？

一開始原本打算以「公克」作為基準的，但公克的量實在太小，使用上很不方便。
公克
x1000
公斤
原來是這樣呀！那就沒辦法了。
特別注意！使用詞頭來表示質量時，一定要接在公克前面唷！
mg
毫克
μg
微克
等
mkg
毫公斤
這是錯的!!

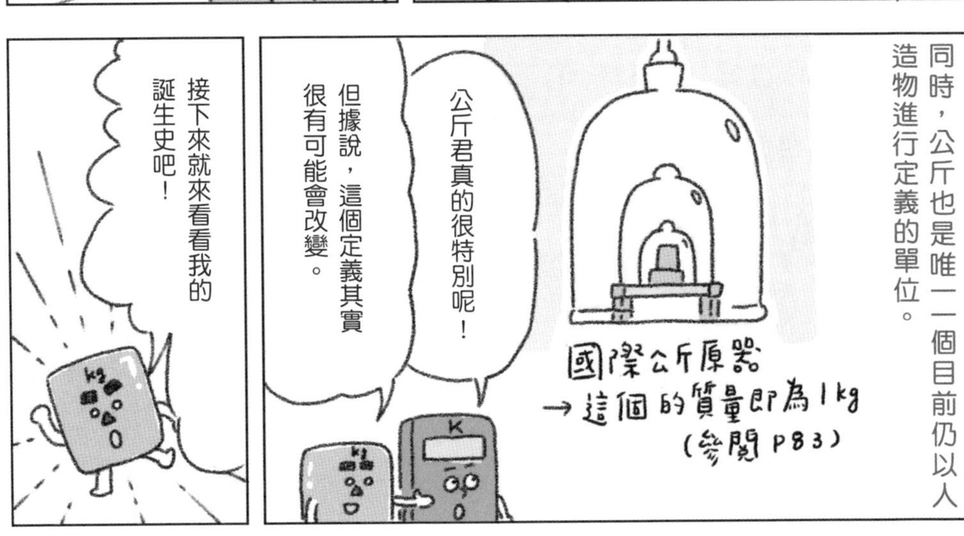

同時，公斤也是唯一一個目前仍以人造物進行定義的單位。
國際公斤原器
→這個的質量即為1kg
(參閱P83)
公斤君真的很特別呢！
但據說，這個定義其實很有可能會改變。
接下來就來看看我的誕生史吧！

公斤誕生

十八世紀末
咔嚓
咔嚓

「公克」誕生了。
公克君
來統一質量單位吧！

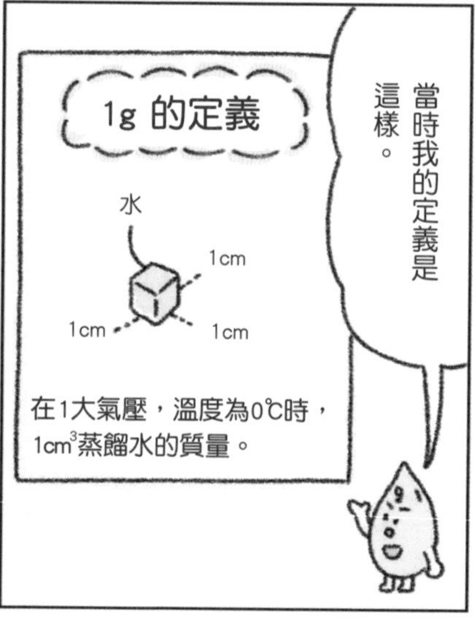

當時我的定義是這樣。
1g 的定義
水
1cm
1cm
1cm
在1大氣壓，溫度為0℃時，1cm³蒸餾水的質量。

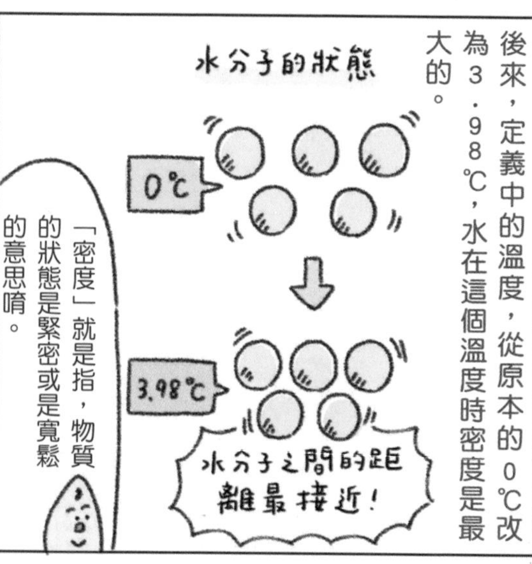

後來，定義中的溫度，從原本的0℃改為3.98℃，水在這個溫度時密度是最大的。
水分子的狀態
0℃
3.98℃
水分子之間的距離最接近！
「密度」就是指，物質的狀態是緊密或是寬鬆的意思唷。

到了1799年，科學家定義公尺的同時，也將公斤定為質量的基本單位。
之後就交給你了！
沒問題！

這時候製作出來的，就是檔案局公斤原器。
「在1大氣壓，溫度3.98℃時，1000cm³的水的質量」以此標準製作的原器。
完成了
也就是說，我最初的定義就是這個原器的質量。

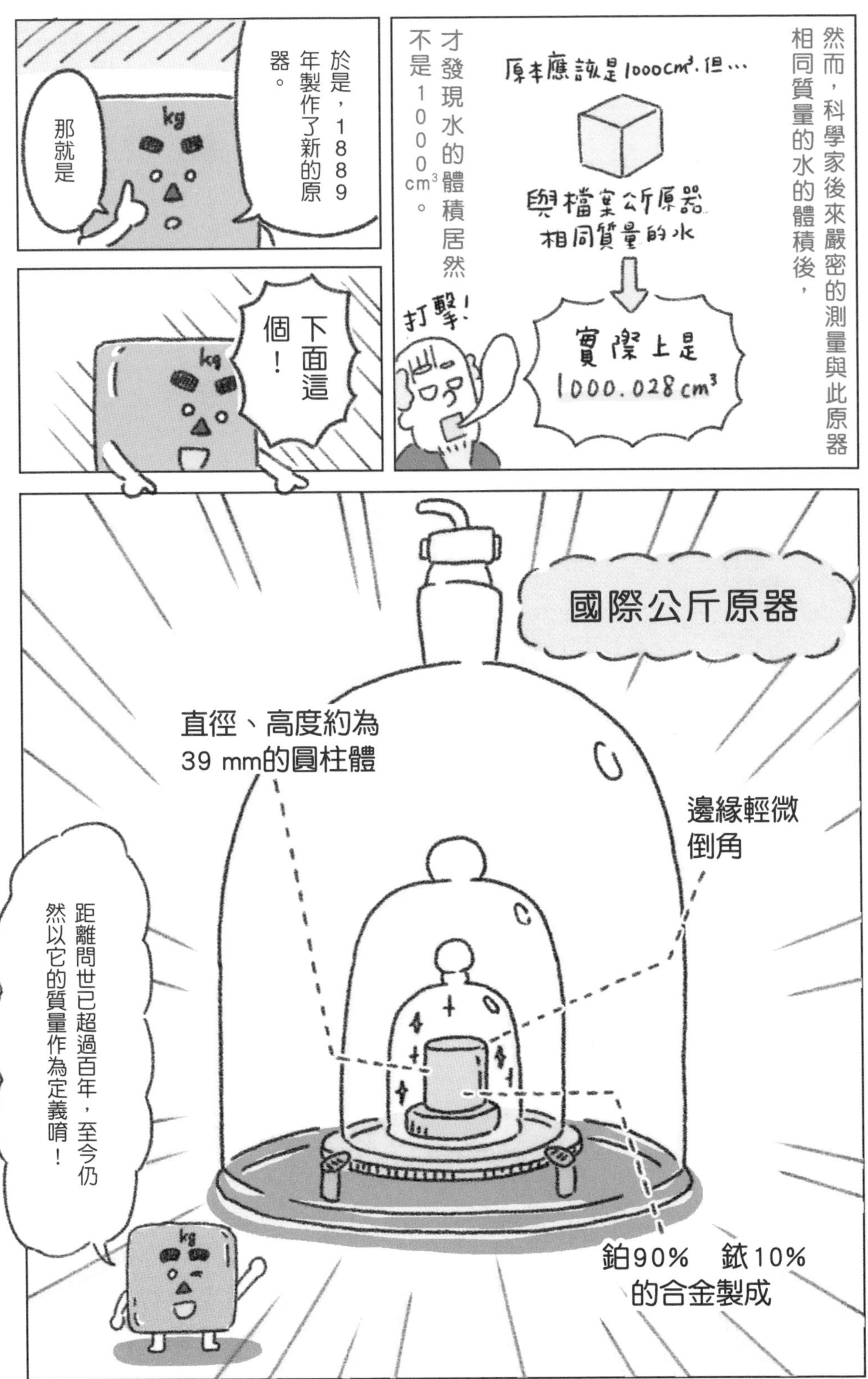
然而，科學家後來嚴密的測量與此原器相同質量的水的體積後，
原本應該是1000cm³.但…
與檔案公斤原器相同質量的水
實際上是1000.028cm³
打擊！
才發現水的體積居然不是1000cm³。
於是，1889年製作了新的原器。
那就是
下面這個！
國際公斤原器
直徑、高度約為39 mm的圓柱體
邊緣輕微倒角
鉑90%　銥10%的合金製成
距離問世已超過百年，至今仍然以它的質量作為定義唷！

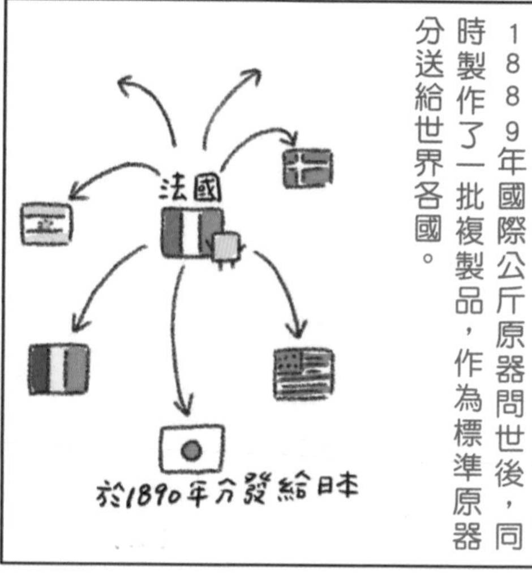

1889年國際公斤原器問世後，同時製作了一批複製品，作為標準原器分送給世界各國。
法國
於1890年分發給日本

順帶一提，日本的原器如今保存在產業技術綜合研究所。
公尺原器也在這裡唷！
日本國立研究開發法人
產業技術綜合研究所

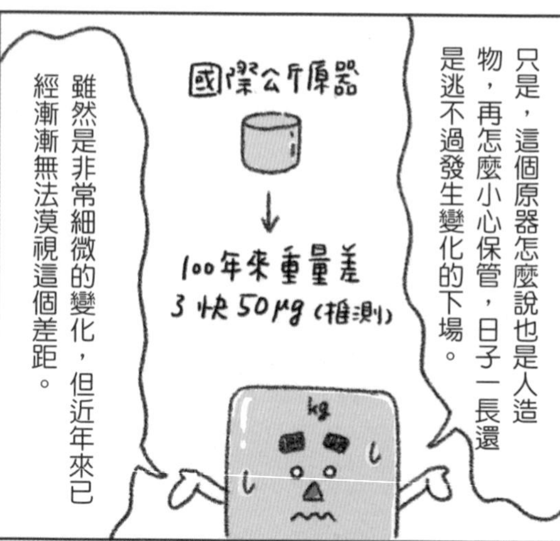

只是，這個原器怎麼說也是人造物，再怎麼小心保管，日子一長還是逃不過發生變化的下場。
國際公斤原器
100年來重量差
3快50μg (推測)
kg
雖然是非常細微的變化，但近年來已經漸漸無法漠視這個差距。

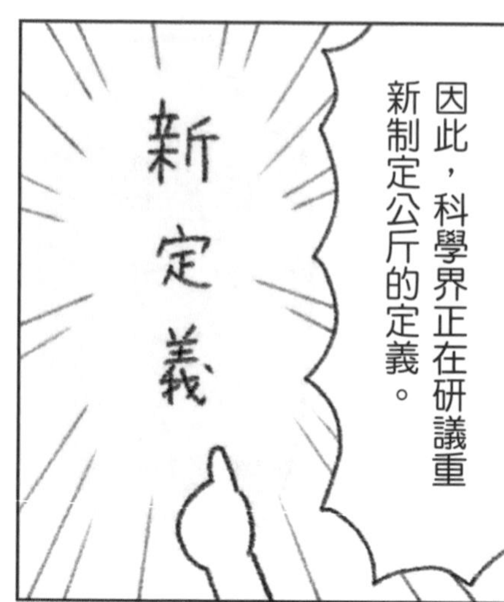

因此，科學界正在研議重新制定公斤的定義。
新定義

而運用「普朗克常數」來制定新定義，也成了科學界普遍的共識。

「公斤」定義的歷史

1795年

對公克進行定義。

在1大氣壓，溫度為0℃（後來改為3.98℃）時，1cm³水的質量。

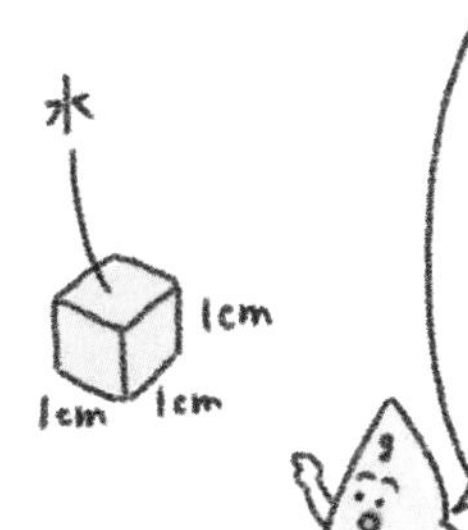

一開始是以我為基準的喔。

基本單位變更

1799年

公斤成為基本單位。

檔案局公斤原器的質量

這是我最初的定義唷。

因缺乏正確性而製作新的原器

1889年

國際公斤原器的質量

新定義已經在2019年5月20日生效囉～

持續追蹤最新狀況！

公斤君小檔案

單位符號 **kg**

定義

國際公斤原器的質量

※新定義：6.62607015×10^{-34} m^2・kg・s^{-1}
（已於2019年5月20日生效）

電子
9.1×10^{-31} kg

1L的盒裝鮮奶
約1kg

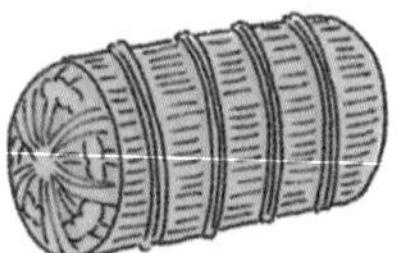

一草袋米
約60 kg

重量範例

小情報

「公克」一詞源自希臘語「微小的重量」。

專長

光用看的
就能測量質量。

個性

與穩重的外表相反，
個性輕佻調皮。

趣味小漫畫
公斤君的專長

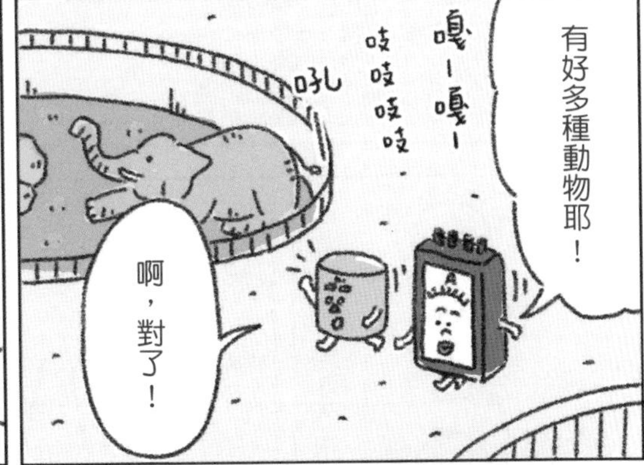

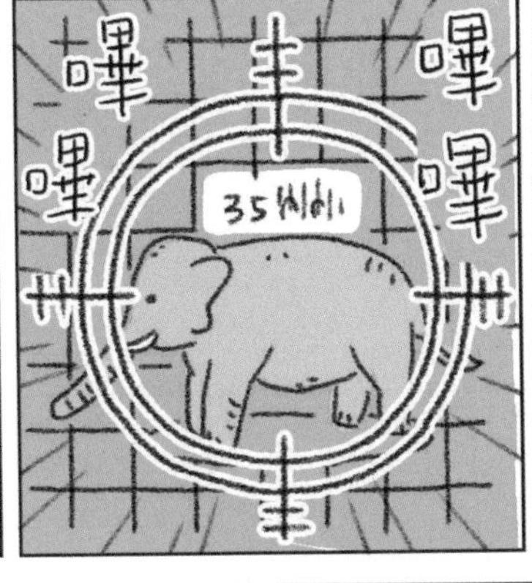

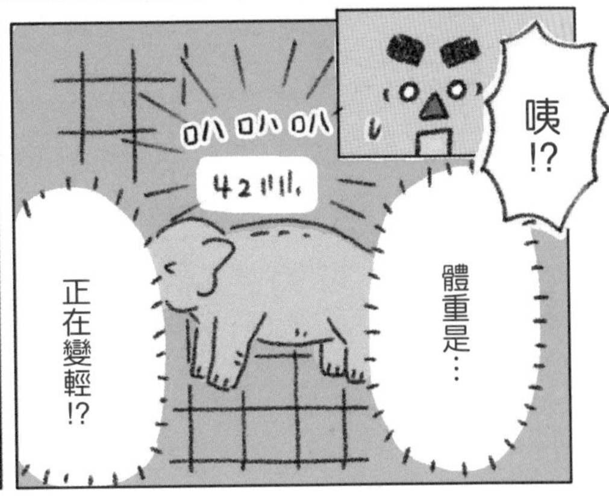

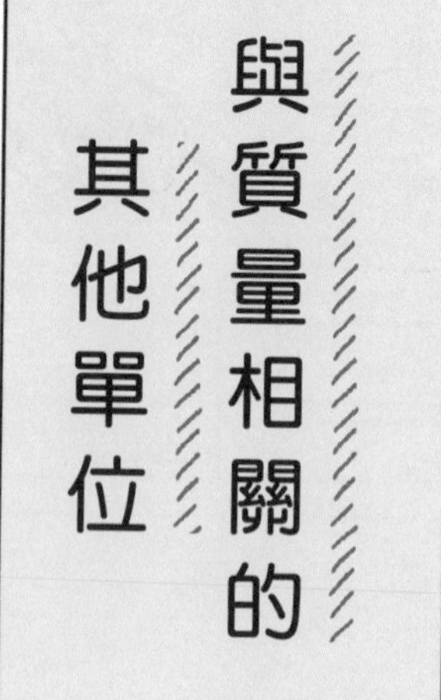
與質量相關的
其他單位

質量單位與長度單位同樣種類繁多，不分軒輊。
那麼馬上為各位介紹，
首先是我的親戚們～
kg

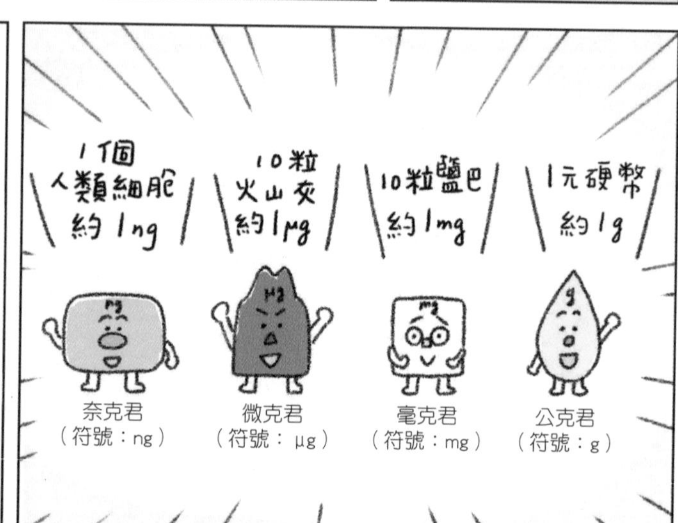
1元硬幣約1g
10粒鹽巴約1mg
10粒火山灰約1μg
1個人類細胞約1ng
公克君（符號：g）
毫克君（符號：mg）
微克君（符號：μg）
奈克君（符號：ng）

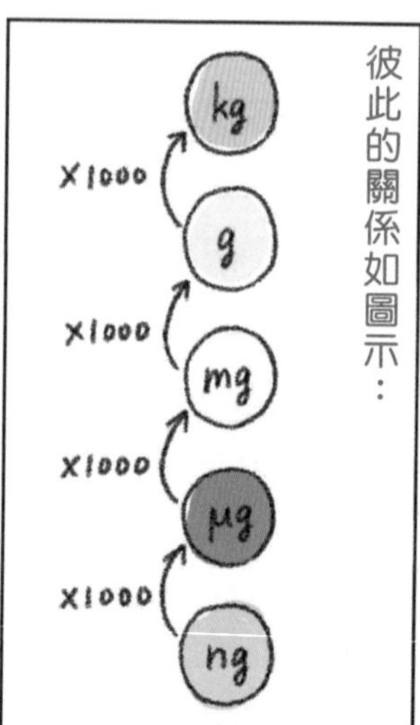
彼此的關係如圖示：
kg
×1000
g
×1000
mg
×1000
μg
×1000
ng

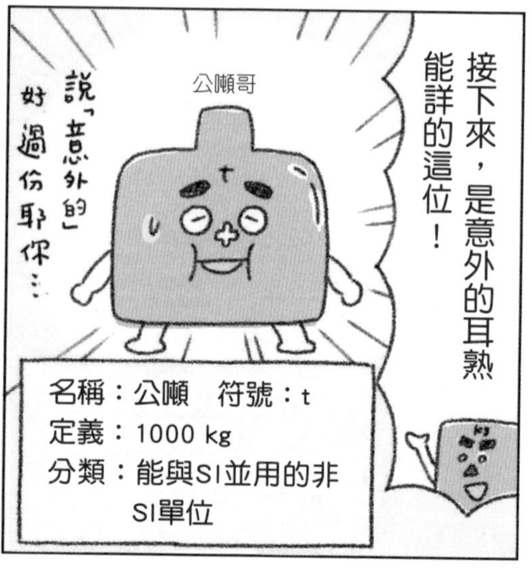
接下來，是意外的耳熟能詳的這位！
說「意外的」好過份耶你⋯
公噸哥
名稱：公噸　符號：t
定義：1000 kg
分類：能與SI並用的非SI單位

順帶一提，比較大隻的北極熊約為一公噸重喔。
毛茸茸的～

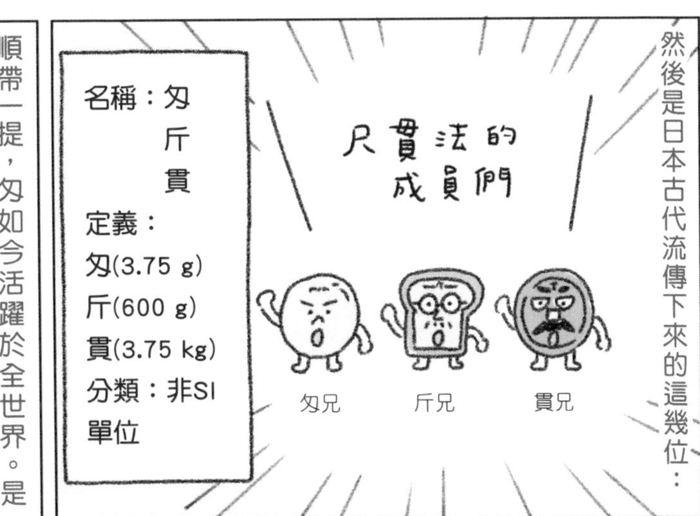

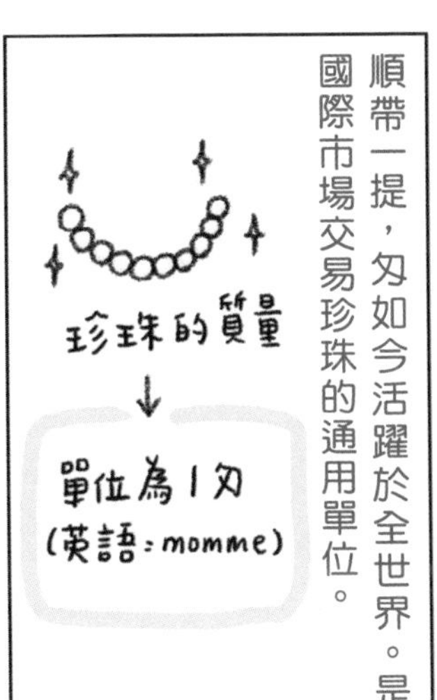

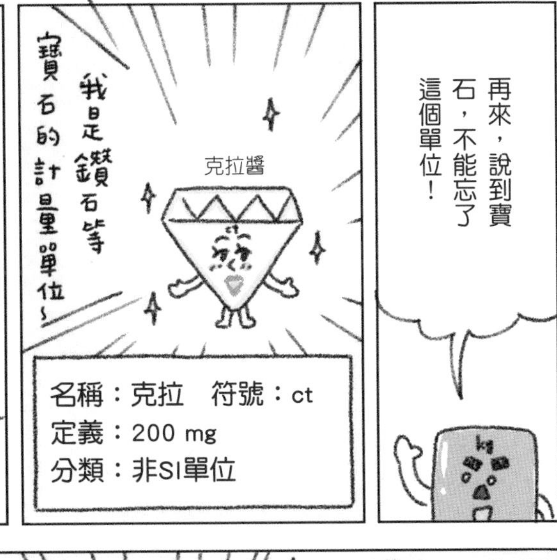

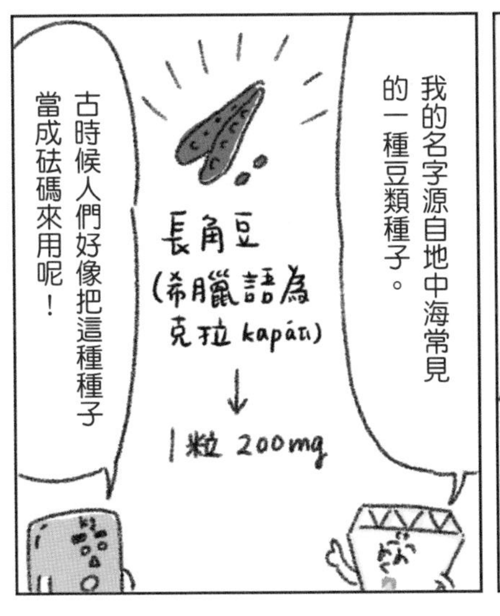

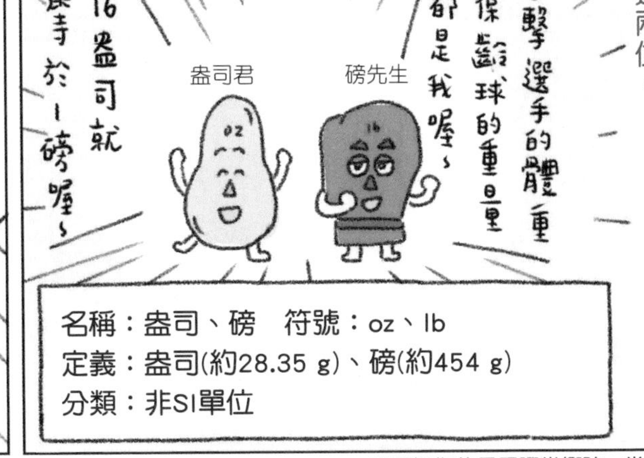

※這裡指的是國際常衡磅、常衡盎司

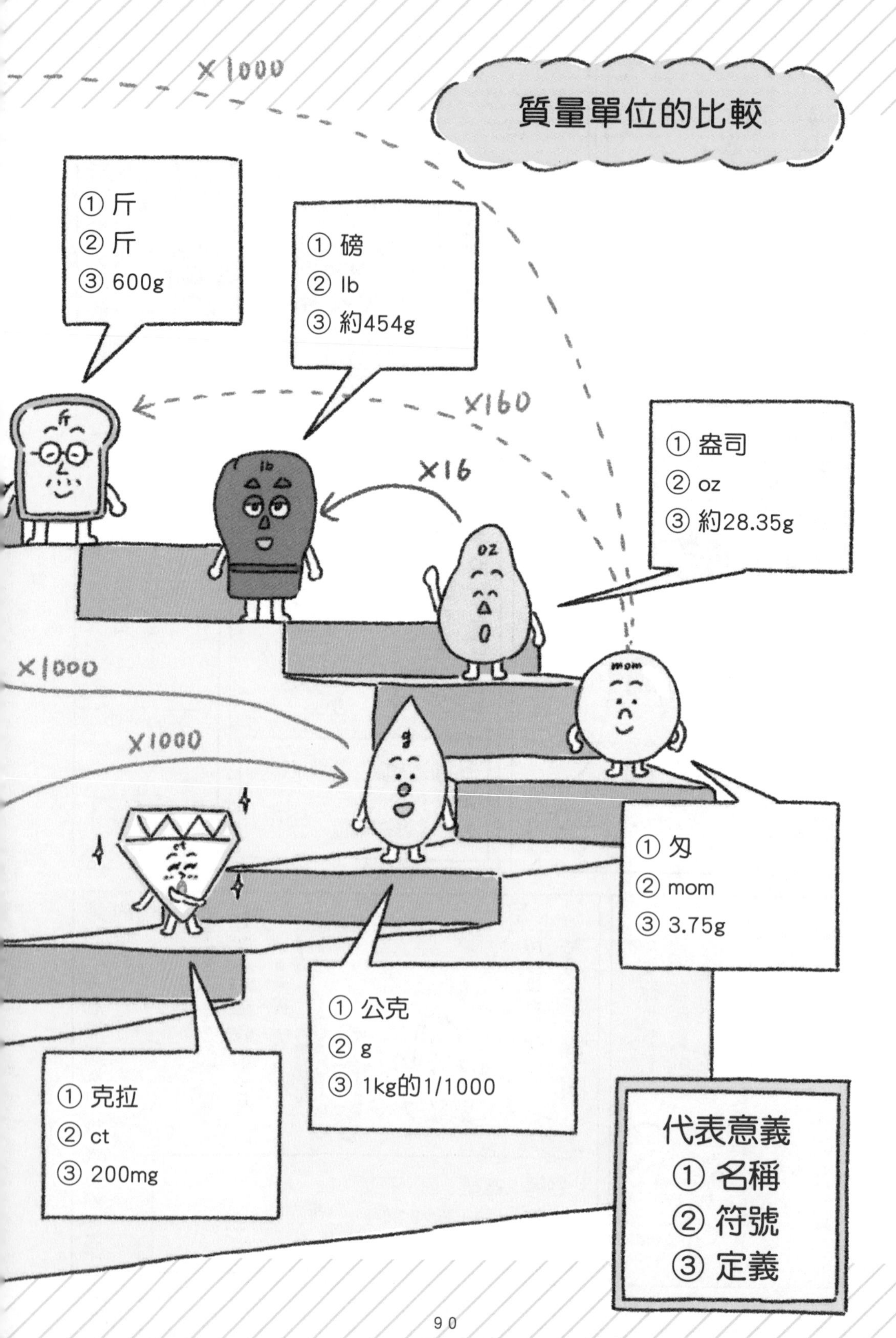
質量單位的比較
×1000
① 斤
② 斤
③ 600g
① 磅
② lb
③ 約454g
×160
×16
① 盎司
② oz
③ 約28.35g
×1000
×1000
① 匁
② mom
③ 3.75g
① 公克
② g
③ 1kg的1/1000
① 克拉
② ct
③ 200mg
代表意義
① 名稱
② 符號
③ 定義

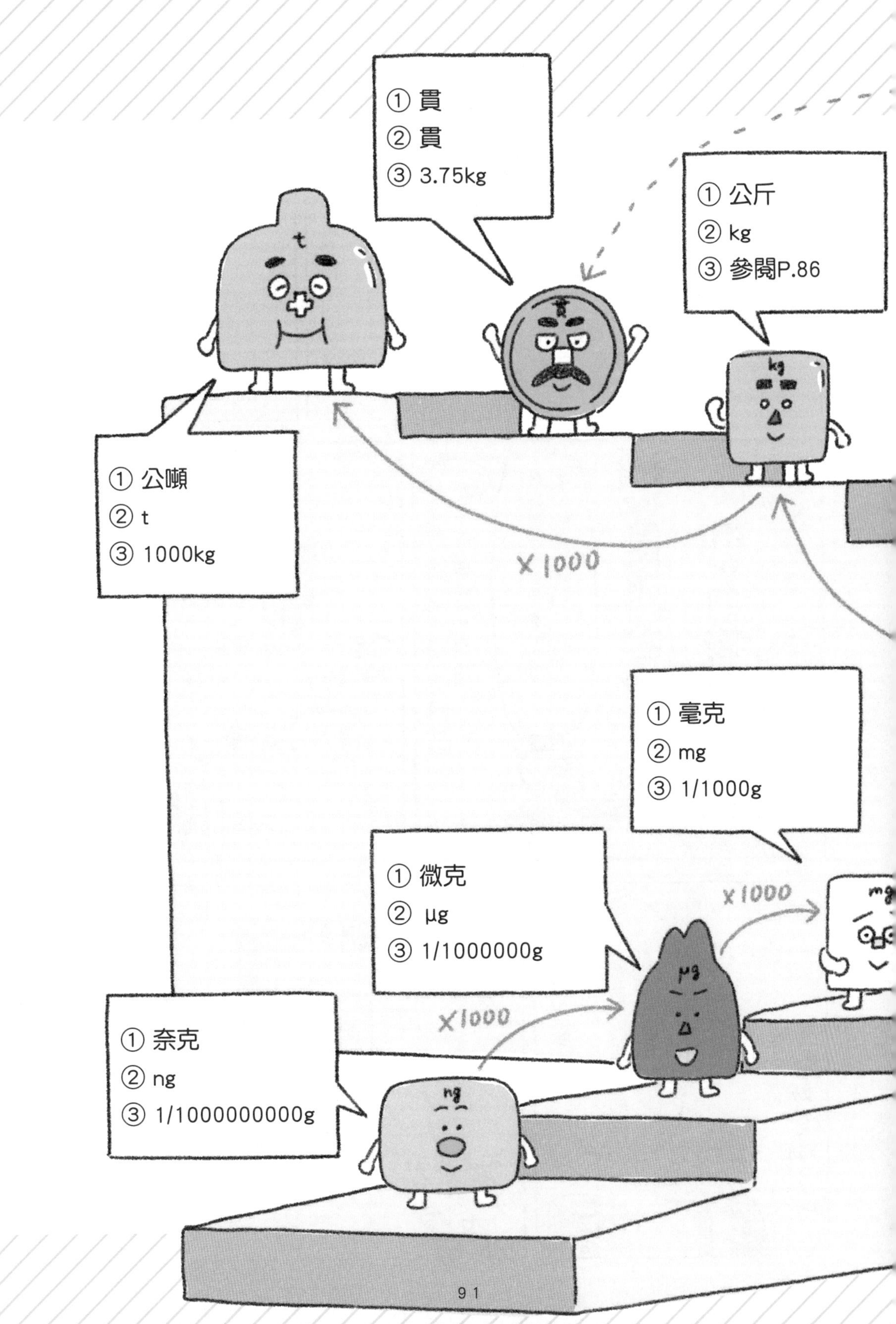

① 貫
② 貫
③ 3.75kg
① 公斤
② kg
③ 參閱P.86
t
kg
① 公噸
② t
③ 1000kg
X1000
① 毫克
② mg
③ 1/1000g
① 微克
② µg
③ 1/1000000g
X1000
μg
X1000
① 奈克
② ng
③ 1/1000000000g
ng

密度

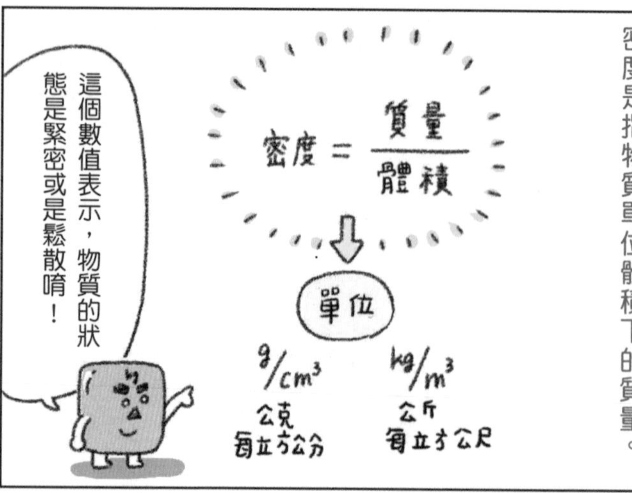
密度是指物質單位體積下的質量。
密度＝質量/體積
單位
g/cm³
公克每立方公分
kg/m³
公斤每立方公尺
這個數值表示，物質的狀態是緊密或是鬆散唷！

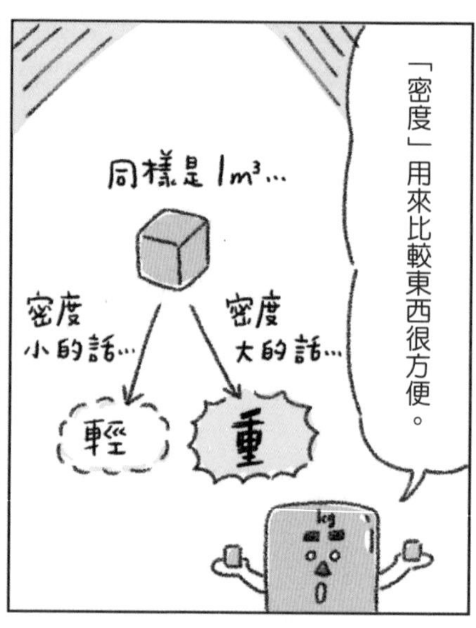
「密度」用來比較東西很方便。
同樣是1m³…
密度小的話…
密度大的話…
輕
重

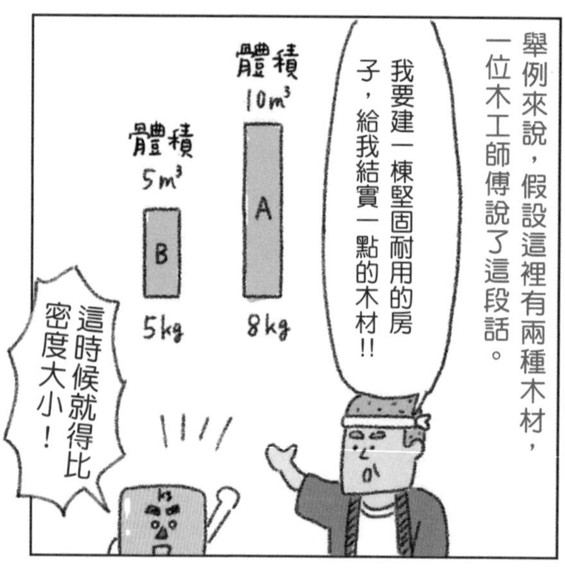
舉例來說，假設這裡有兩種木材，一位木工師傅說了這段話。
我要建一棟堅固耐用的房子，給我結實一點的木材!!
體積 10m³
A
8kg
體積 5m³
B
5kg
這時候就得比密度大小！

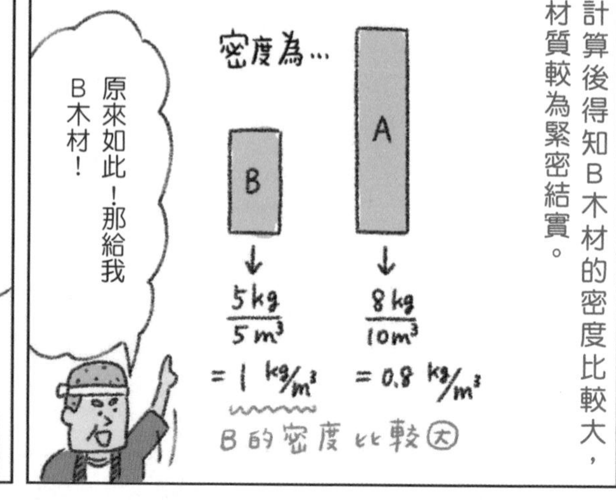
計算後得知B木材的密度比較大，材質較為緊密結實。
原來如此！那給我B木材！
密度為…
B
5kg/5m³ ＝1 kg/m³
A
8kg/10m³ ＝0.8 kg/m³
B的密度比較大

師傅，說到密度，有個關於阿基米德的故事可有名了。
喔～有點好奇咧！

有一天，數學家阿基米德接到了國王的任務。
阿基米德，幫我調查一下這王冠是不是純金製造的。
這是怎麼啦，陛下？

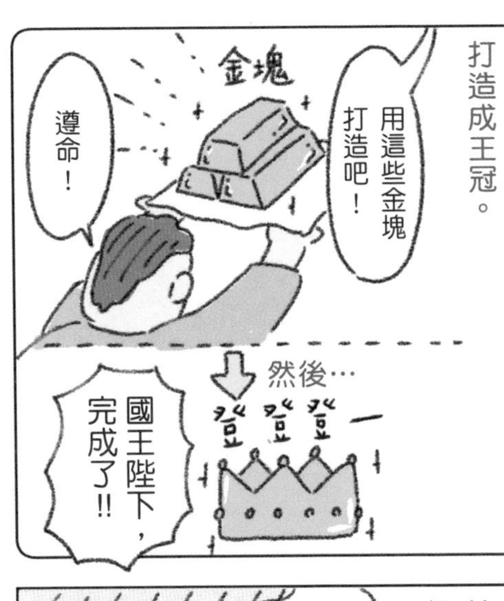
國王說，他將金塊交給工匠，請他打造成王冠。
金塊
用這些金塊打造吧！
遵命！
然後…
登登登—
國王陛下，完成了!!

但是後來，國王聽到了一個傳聞。
聽說，那個工匠在王冠裡摻入便宜的白銀。
小聲嘀咕
什麼—！
事情就是這樣，我也不知道是否屬實。
所以才要你幫忙調查。
原來如此，我明白了。

於是阿基米德接受了王命展開調查，但即便聰明如他，也不知道判別方法。
嗯～難了。
來泡個澡恢復精神吧！

嘩啦—

嘩啦啦—
嘿呟～
啊！

好耶！
水花四濺！
我想到了！

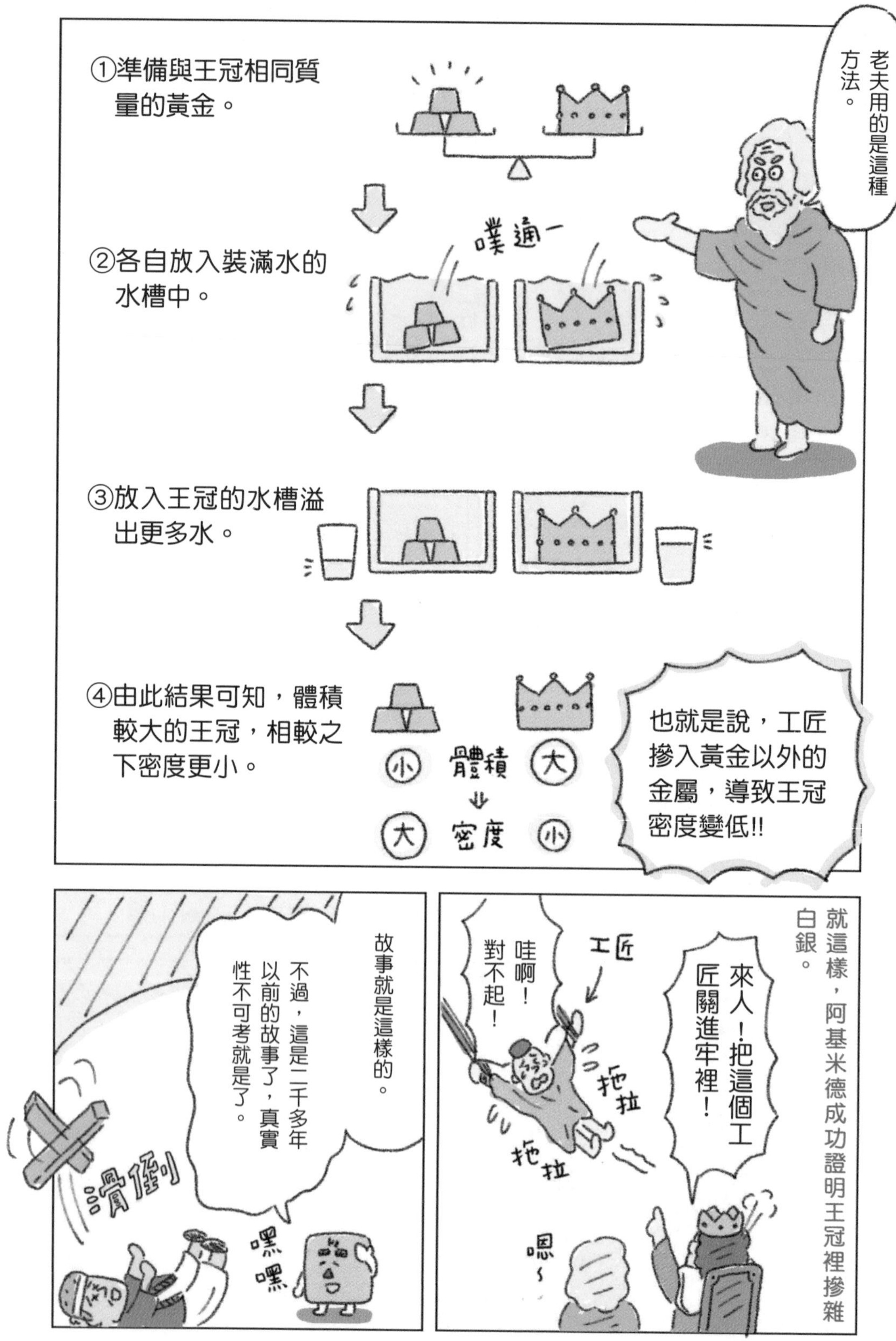

老夫用的是這種方法。

①準備與王冠相同質量的黃金。

②各自放入裝滿水的水槽中。

噗通一

③放入王冠的水槽溢出更多水。

④由此結果可知，體積較大的王冠，相較之下密度更小。

小	體積	大
大	密度	小

也就是說，工匠摻入黃金以外的金屬，導致王冠密度變低!!

趣味小漫畫
益智問答

臨時決定，質量益智問答開始～

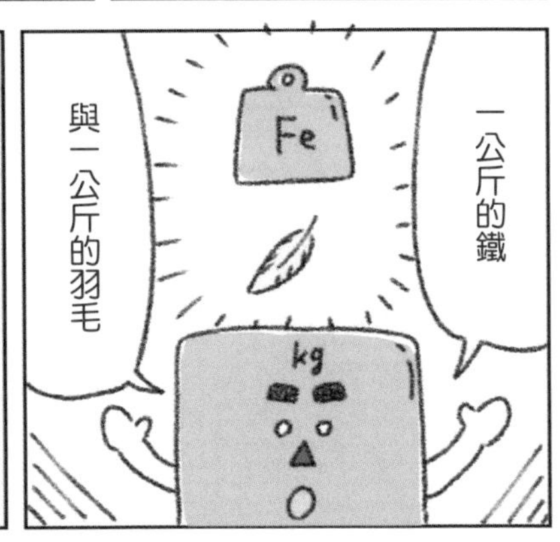

一公斤的鐵
與一公斤的羽毛
Fe
kg

哪一邊的質量比較大呢？
？
知道答案嗎？

嘿嘿嘿！
那個果然還是鐵吧！
…

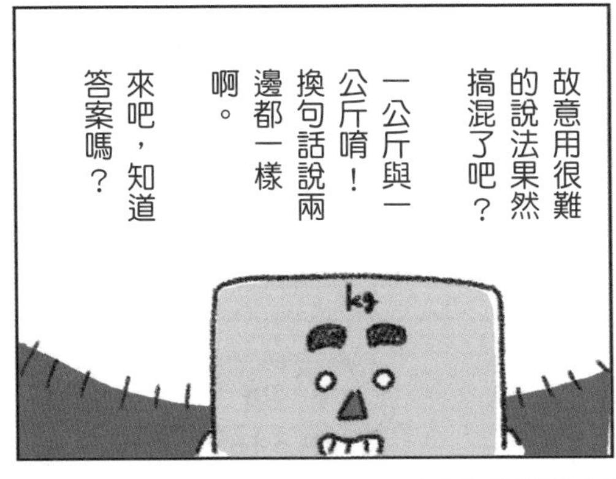

故意用很難的說法果然搞混了吧？一公斤與一公斤唷！換句話說兩邊都一樣啊。
來吧，知道答案嗎？
kg

我知道！
直接了當的說，答案是一樣大！因為兩邊都是一公斤。

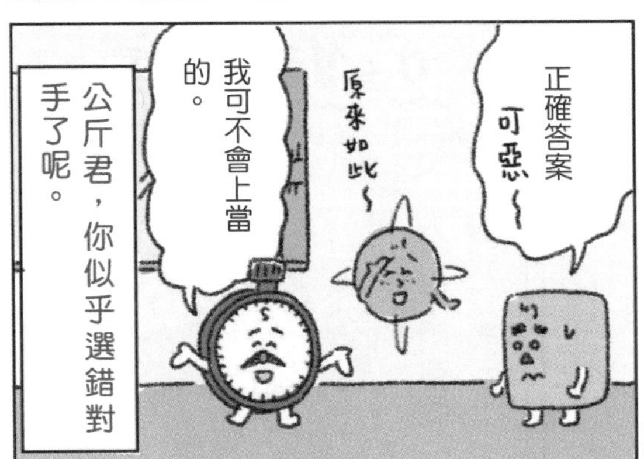

正確答案
可惡～
原來如此～
我可不會上當的。
公斤君，你似乎選錯對手了呢。

力的單位

影響一物體，使其移動或加速，在物理的世界稱之為「力」。
嘰嘰
力
嘰嘰─…
推
「力」也有單位唷！

那個單位就是我。
哎呀～
牛頓君
名稱：牛頓　量：力　符號：N
分類：擁有特定名稱及符號的SI導出單位

如你所知，名稱是源自我的發現者艾薩克．牛頓。
聽過我的名字嗎？
英國科學家牛頓先生

關於力學，牛頓先生導出這樣的關係式。
牛頓運動方程式
力＝質量×加速度
(N)　(kg)　(m/s²)
力可以用這個公式來表示!!

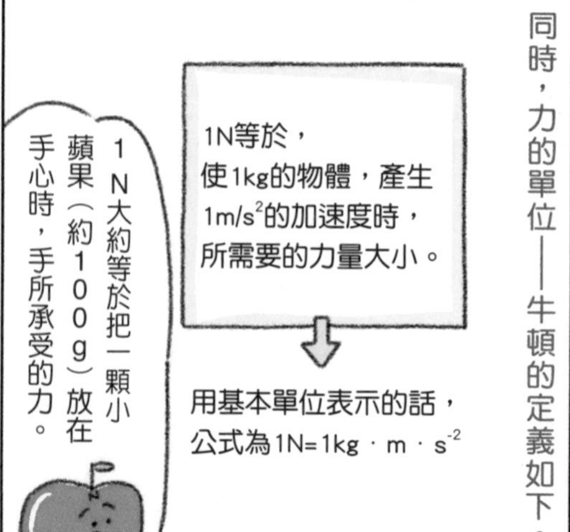

同時，力的單位──牛頓的定義如下。
1N等於，
使1kg的物體，產生
1m/s²的加速度時，
所需要的力量大小。
用基本單位表示的話，
公式為1N=1kg・m・s⁻²
1N大約等於把一顆小蘋果（約100g）放在手心時，手所承受的力。

※參閱p.80

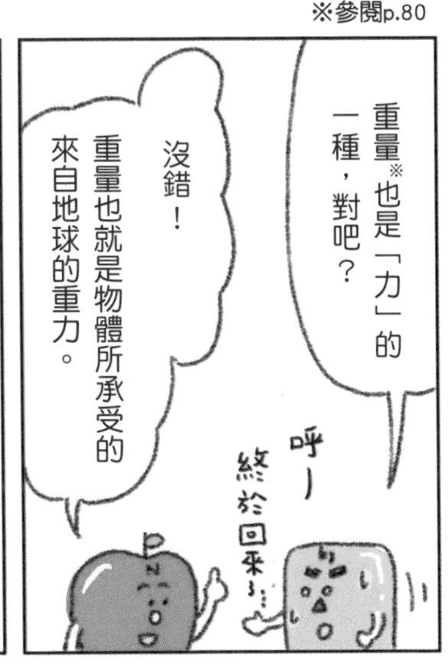
重量※也是「力」的一種，對吧？
沒錯！重量也就是物體所承受的來自地球的重力。
呼—
終於回來~

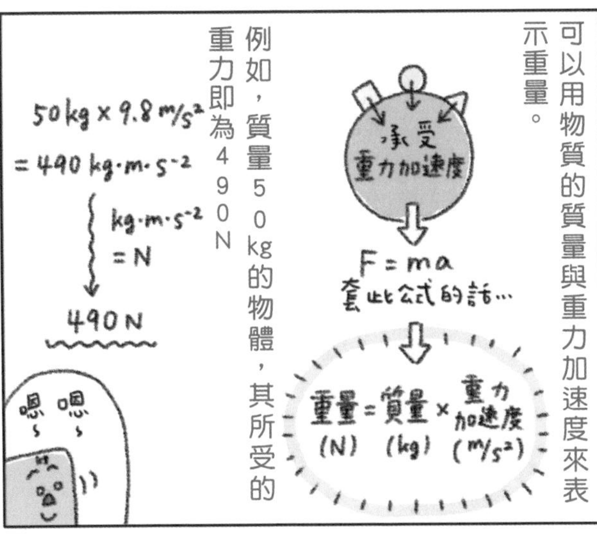
可以用物質的質量與重力加速度來表示重量。
承受重力加速度
$F=ma$
套此公式的話…
重量=質量×重力加速度
(N) (kg) (m/s^2)
例如，質量50kg的物體，其所受的重力即為490N
$50kg \times 9.8m/s^2$
$=490kg \cdot m \cdot s^{-2}$
$kg \cdot m \cdot s^{-2} = N$
490N
嗯嗯

跟這個「重量」有關的，還有牛頓先生發現的萬有引力定律。
咻~

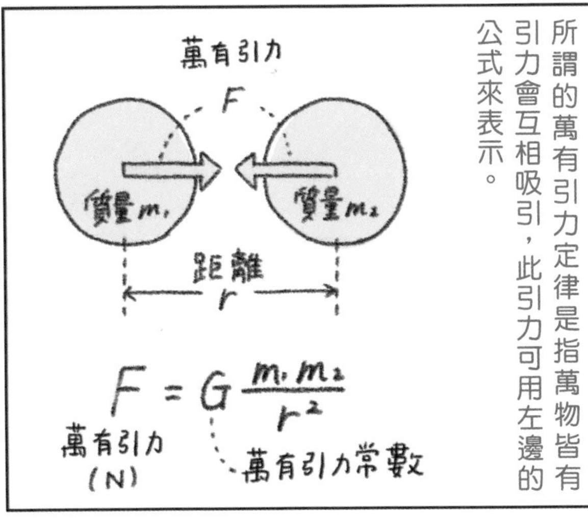
所謂的萬有引力定律是指萬物皆有引力會互相吸引，此引力可用左邊的公式來表示。
萬有引力
F
質量m_1
質量m_2
距離
r
$F=G\frac{m_1 m_2}{r^2}$
萬有引力 (N)
萬有引力常數

順帶一提，除了力學之外，牛頓先生在其他領域也留下了很多貢獻唷。
y
x
數學：發明微積分學。
光學：使用稜鏡將白光發散為彩色光譜。
真不愧是牛頓先生。

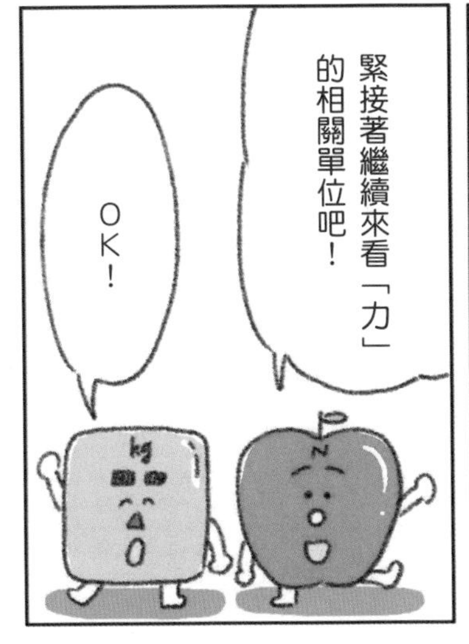
緊接著繼續來看「力」的相關單位吧！
OK！

壓力單位

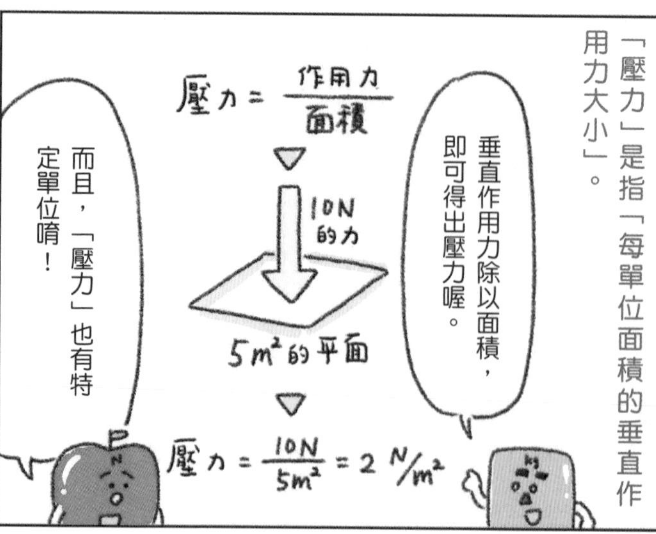
「壓力」是指「每單位面積的垂直作用力大小」。
壓力 = 作用力 / 面積
10N的力
5m²的平面
壓力 = 10N / 5m² = 2 N/m²
垂直作用力除以面積，即可得出壓力喔。
而且，「壓力」也有特定單位唷！

那就是這一位
帕斯卡醬
單位符號是Pa，名稱源自科學家帕斯卡先生。
帕斯卡先生
名稱：帕斯卡　量：壓力　符號：Pa
分類：擁有特定名稱及符號的SI導出單位

我的定義是這樣的。
1Pa等於
1N的力量垂直作用在
1m²面積上的壓力
1Pa=1N/m²
用基本單位來表示就是
1Pa=1kg · m⁻¹ · s⁻²

常常在天氣預報上聽到的單位耶。
因為帕斯卡常用來表示氣壓高低。
嗯嗯~

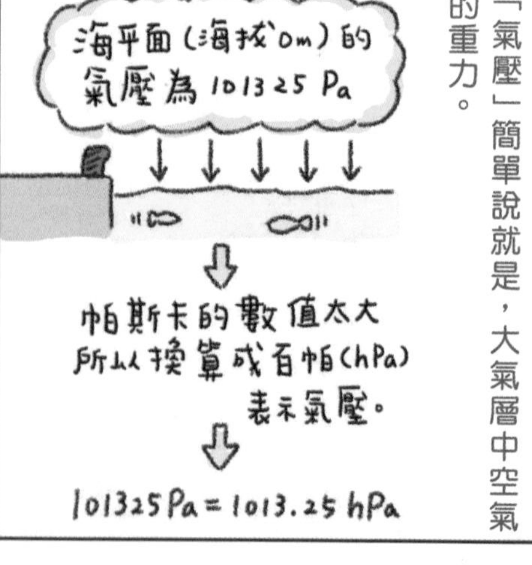
「氣壓」簡單說就是，大氣層中空氣的重力。
海平面(海拔0m)的氣壓為101325 Pa
帕斯卡的數值太大所以換算成百帕(hPa)表示氣壓。
101325Pa = 1013.25 hPa

因此，今天也邀請了這位來賓～
百帕斯卡哥
hPa
「百」(hecto)就是代表「100倍」的詞頭喔！
名稱：百帕斯卡（百帕）
符號：hPa　定義：100 Pa

「百帕斯卡」聽起來好帥喔！
會忍不住想一直唸！
呵呵呵
對吧！對吧！

喂喂，說到壓力，還有我們兩個啊！

喔——！是你們呀！
毫米水銀柱大叔
巴君
你不會真的忘了咱們吧！
可不能忘了我們唷～
bar
名稱：毫米水銀柱
符號：mmHg
定義：$\frac{101325}{760}$ Pa
名稱：巴
符號：bar
定義：100000 Pa

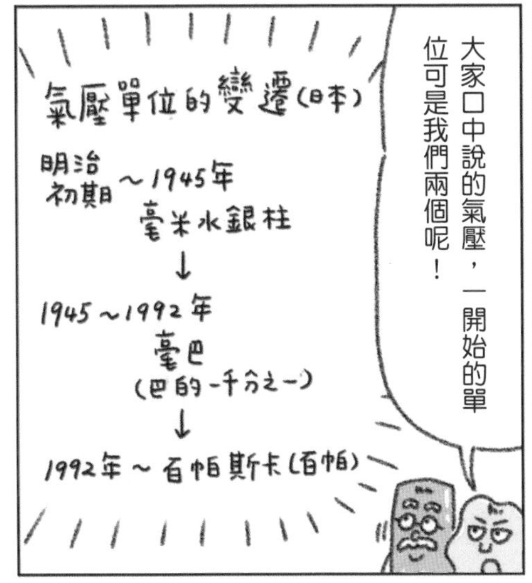
大家口中說的氣壓，一開始的單位可是我們兩個呢！
氣壓單位的變遷(日本)
明治初期～1945年
毫米水銀柱
↓
1945～1992年
毫巴
(巴的一千分之一)
↓
1992年～百帕斯卡(百帕)

現在完全沒有我的出場餘地了。
毫米水銀柱大叔也一樣吧？
轉頭
不不，我作為血壓的單位可活躍的呢！
血壓計
咦？

喔喔～
我也想大展身手一番呀～
大吼大叫的血壓很容易飆高的。
哈哈哈

功與功率

對一物體施力，使物體移動的情況下，施的「力」與移動「距離」的乘積，即為「功」。

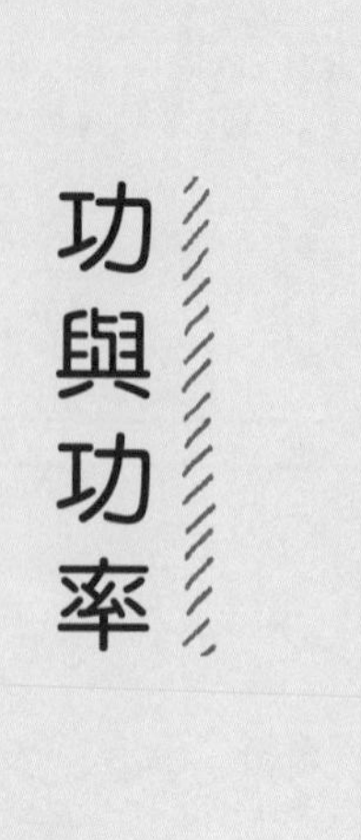

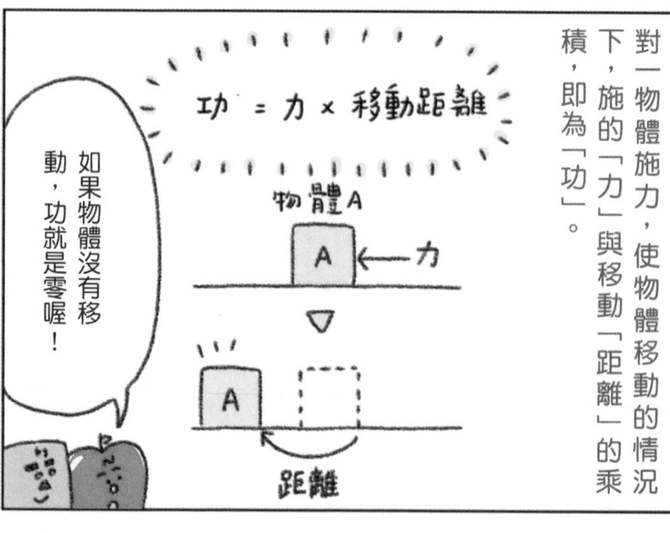

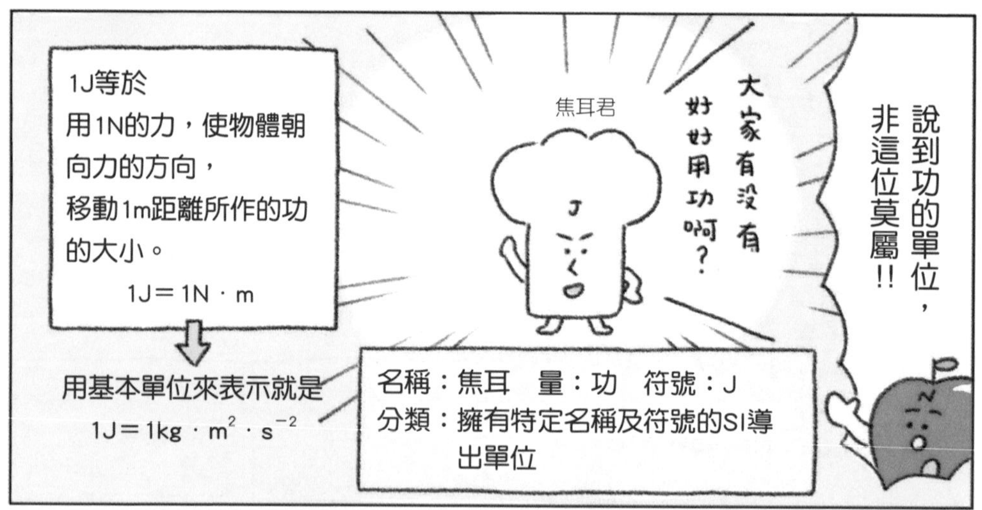

1J相當於把質量102g的東西往上抬高1m，所作的功。

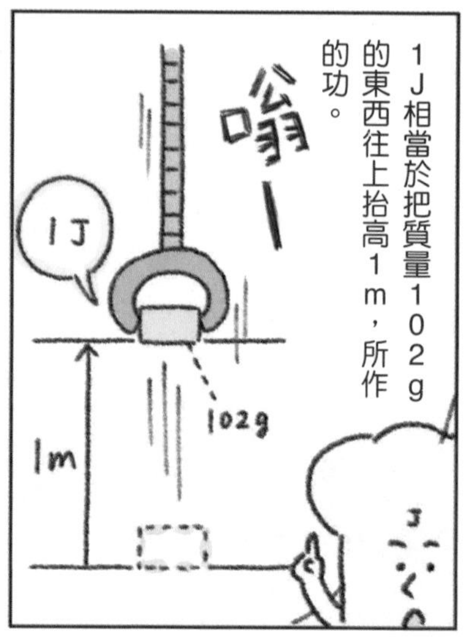

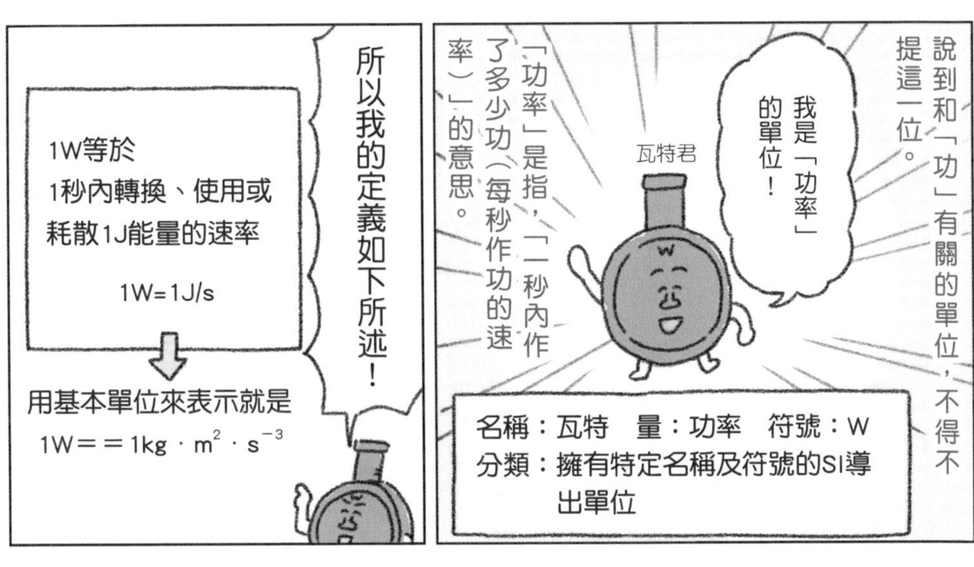
說到和「功」有關的單位，不得不提這一位。
瓦特君
我是「功率」的單位！
「功率」是指，「一秒內作了多少功（每秒作功的速率）」的意思。
名稱：瓦特　量：功率　符號：W
分類：擁有特定名稱及符號的SI導出單位
所以我的定義如下所述！
1W等於
1秒內轉換、使用或耗散1J能量的速率
1W=1J/s
用基本單位來表示就是
1W＝＝1kg・m2・s−3

這個單位源自英國發明家——詹姆斯．瓦特先生。他改良的「瓦特蒸汽機」為工業革命帶來極大貢獻。
大幅提高生產效率的蒸汽機完成了！
瓦特蒸氣機
喔！瓦特先生也好厲害呀！

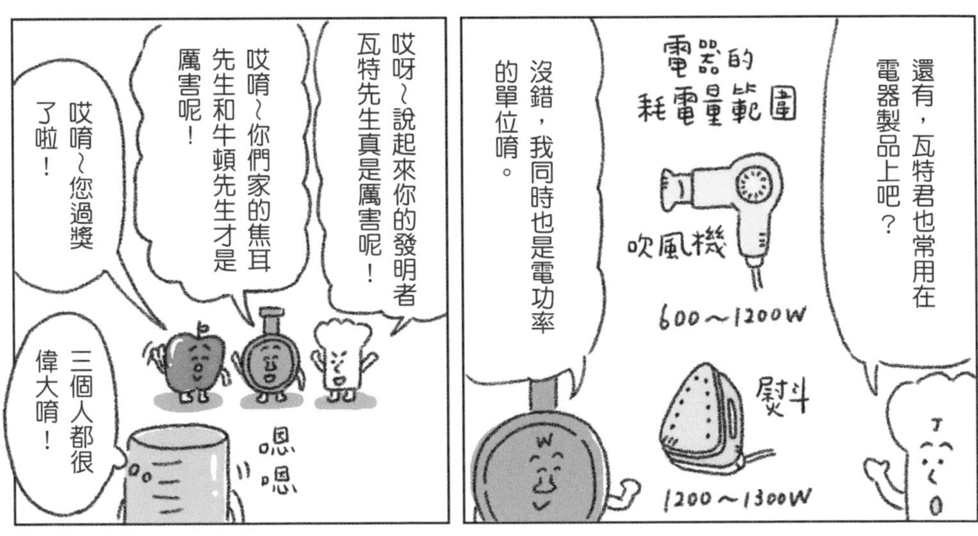
還有，瓦特君也常用在電器製品上吧？
電器的耗電量範圍
吹風機
600～1200W
熨斗
1200～1300W
沒錯，我同時也是電功率的單位唷。
哎呀～說起來你的發明者瓦特先生真是厲害呢！
哎唷～你們家的焦耳先生和牛頓先生才是厲害呢！
哎唷～您過獎了啦！
三個人都很偉大唷！
嗯嗯

COLUMN

從單位演進中學習到的事

產業技術綜合研究所 計量標準綜合中心
工學計測標準研究部門 首席研究員
藤井賢一

質量單位「公斤」的定義，自西元1889年以來睽違了130年，即將再次迎來變更。然而，要透過新定義的基準「普朗克常數」來制定一公斤質量的大小，即使極盡最尖端之科技也並非易事。後來，透過精確矽原子計數得出一公斤質量的「X光晶體密度法」，以及基於普朗克常數，調整電流使電磁力與一公斤質量的重力達成平衡的「瓦特天秤法」，科學界終於成功實現公斤的新定義。即便如此，技術層面上能夠以安定性及精確度都遠勝於公斤原器的前述方法來實現公斤新定義的國家，現下也僅有日、德、美、加四國而已。

這與1983年以光速重新定義公尺時的狀況非常類似。當時只有英、美、加三國運用巨大的雷射系統，成功將光頻（約500 THz）與銫原子鐘的微波頻率（約10 GHz）連結起來。

然而，在那之後光頻量測技術卻有了驚人的進展，1990年代發明了運用光來冷卻原子的「雷射冷卻技術」；2000年代發展出來的「光頻梳技術」；2010年代登場的「光晶格鐘」等，借助於上述這些諾貝爾物理學獎等級的偉大研究，現在只需要用便當盒大小的裝置，就能簡單測量光頻。這些新技術是發展光纖通訊

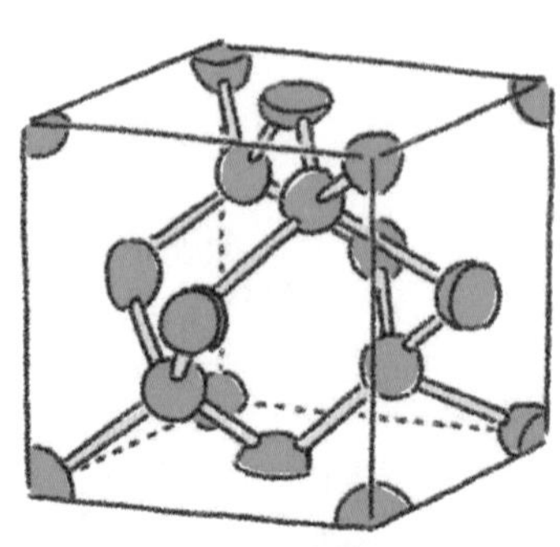

矽結晶結構意象圖

及GPS等現代社會重要基礎建設的根基。

歷史告訴我們，隨著科技進步，國際單位制（SI）的定義也會隨之進化。相對的，新的定義不也是帶動科技發展的原動力嗎。遵循米制公約規定，在國際共識下，將於2018年重新定義公斤。雖然以現階段的科技來看，實現新定義有其難度，但經過十年至二十年後，也許會發展出全新的理論或技術，屆時以自然常數來定義一公斤的質量再也不是難事。

而這個全新的技術，是基於何種新理論，從何種研究領域發跡，現下我們無從得知。縱使能夠得知，那也是世界上已經有某個人在著手研究中了吧。即使是現階段技術還無法勝任的事，人類終究能以努力不懈的精神克服困境。就如同法國大革命時，克服萬難奠定了公尺及公斤基礎的科學家們。即便歷經多次失敗，這些前人不斷累積的基礎研究，是建構全新技術體系不可或缺的養分。

能不能換我當血壓的單位啊？
bar
揮手揮手
mmHg
別妄想了～

第 5 章

溫度

何謂溫度

如氣溫或體溫等，「溫度」與人類有著密不可分的關係。
39°C
40°C
-5°C

溫度（正確來說是熱力學溫度）的SI基本單位為克耳文。
基本單位可不是°C喔~
K

熱力學溫度之類的，關於我的事情稍後再談。
先來說明溫度究竟是什麼吧！
K

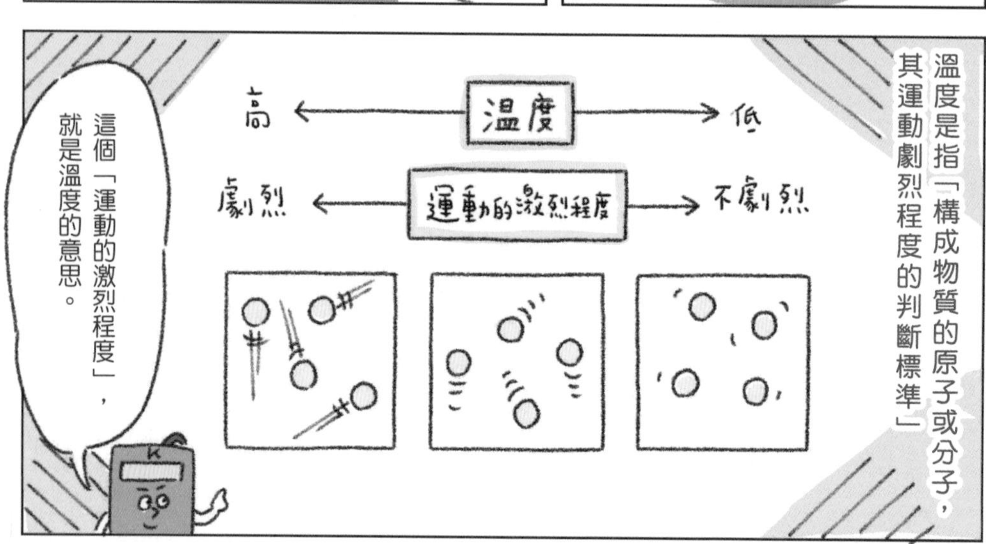
溫度是指「構成物質的原子或分子，其運動劇烈程度的判斷標準」
高
溫度
低
劇烈
運動的激烈程度
不劇烈
這個「運動的激烈程度」，就是溫度的意思。
K

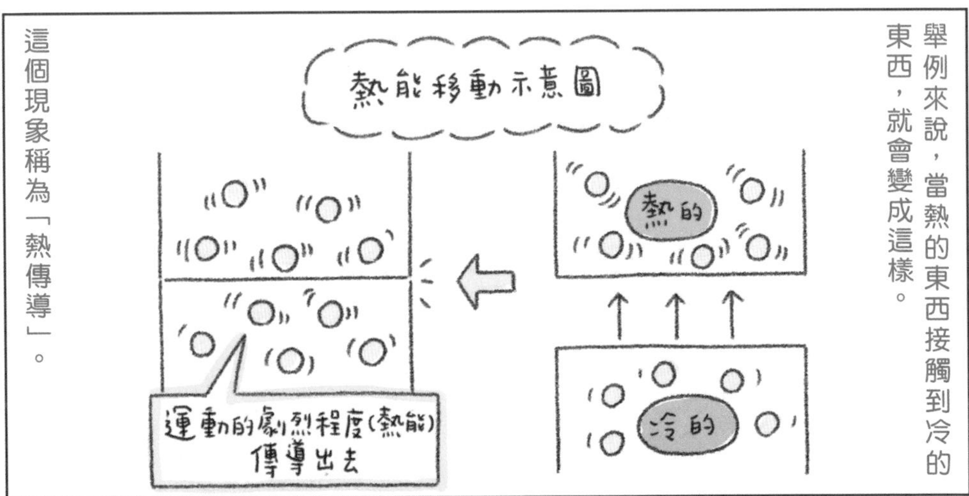
舉例來說，當熱的東西接觸到冷的東西，就會變成這樣。
熱能移動示意圖
熱的
冷的
運動的劇烈程度(熱能)傳導出去
這個現象稱為「熱傳導」。

但其實直到十八世紀，人們都還不知道熱的真面目。
當時人們認為熱是一種稱為「熱質」的物質，並對這個理論深信不疑。
物體發熱是因為所含的「熱元素」也就「熱質」較多的關係。
冷的東西
熱質少
熱的東西
熱質多
原來如此～好像滿有道理的！

後來，到了十九世紀，藉由焦耳的實驗等，人們終於明白熱其實是一種能量。
焦耳實驗示意圖
功會轉換為熱。
才沒有什麼熱質呢！
溫度計
輪軸
葉輪
水
砝碼
① 砝碼下降
② 葉輪旋輪
③ 摩擦生熱，導致水溫上升。
就這樣，熱質說被否定，轉變為現在大家熟知的理論。

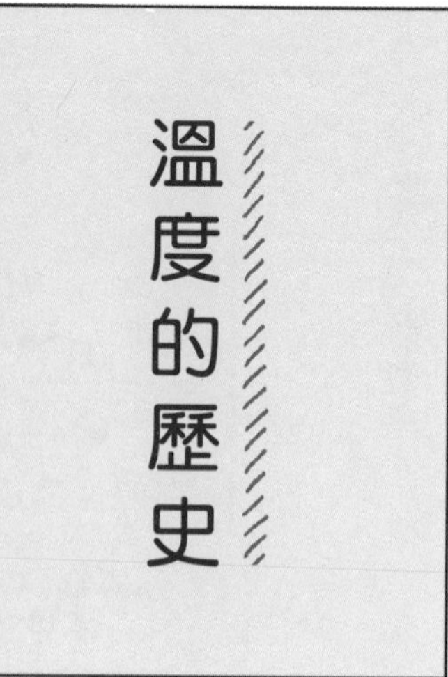
溫度的歷史

直到二十世紀，溫度的SI基本單位定調為「克耳文」為止，溫度也經歷過許多演變。
來看看溫度的歷史吧！
K

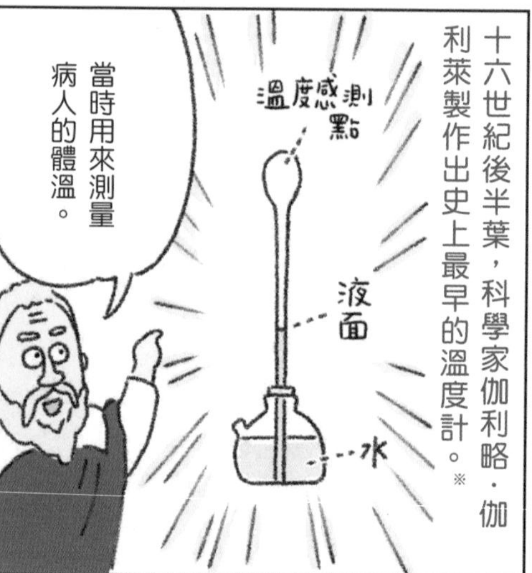
十六世紀後半葉，科學家伽利略．伽利萊製作出史上最早的溫度計。※
當時用來測量病人的體溫。
溫度感測點
液面
水

※有諸多說法

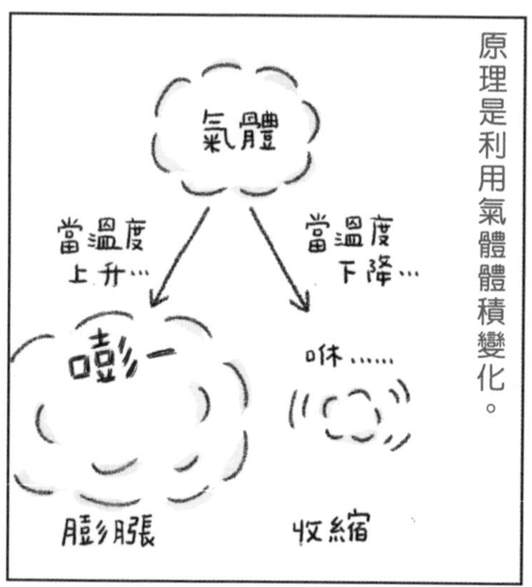
原理是利用氣體體積變化。
氣體
當溫度上升…
當溫度下降…
嘭—
咻……
膨脹
收縮

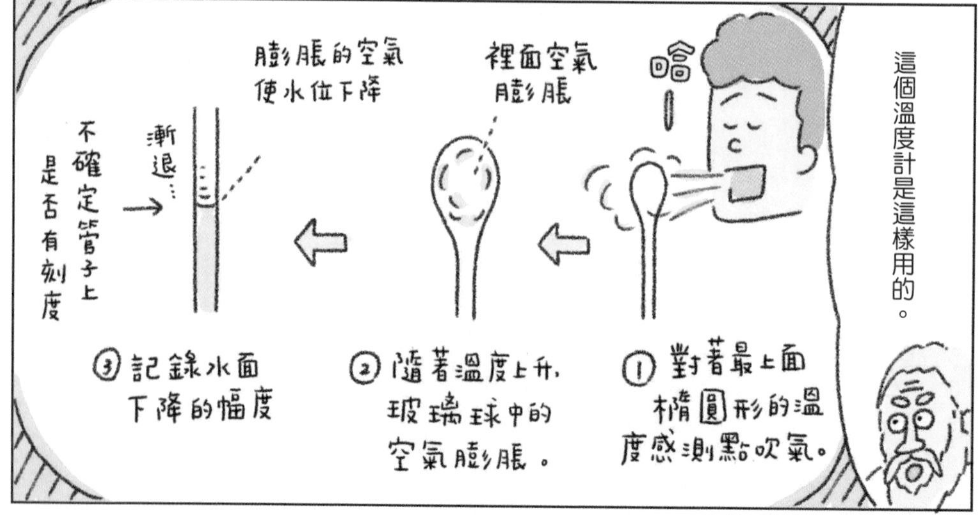
這個溫度計是這樣用的。
哈—
裡面空氣膨脹
膨脹的空氣使水位下降
漸退…
不確定管子上是否有刻度
① 對著最上面橢圓形的溫度感測點吹氣。
② 隨著溫度上升，玻璃球中的空氣膨脹。
③ 記錄水面下降的幅度

但是，這個溫度計有缺點，由於並非密閉式，因此非常容易受到氣壓影響。
就是這麼回事。

後來，到了十七世紀，義大利佛羅倫斯的科學家們發明了密閉式的溫度計。
佛羅倫斯溫度計
刻度
溫度感測點
玻璃內封入酒精
一旦溫度上升，玻璃內的酒精體積便會膨脹，使液面上升。
佛羅倫斯的研究人員們

進入十八世紀後，德國物理學家華倫海特提出了一種全新的溫度計。
酒精溫度計過時了！過時了！
接下來是水銀的天下！

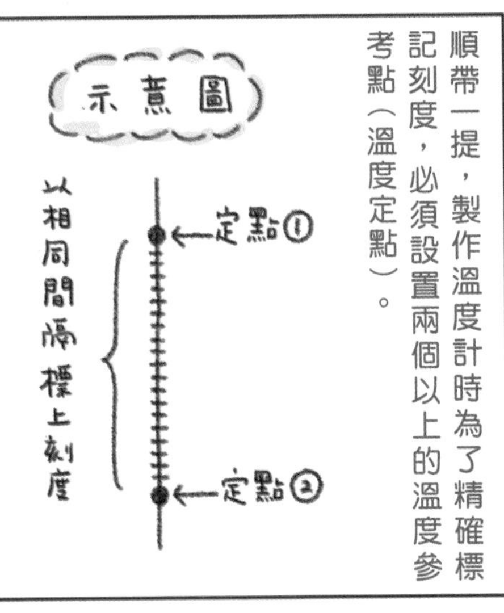
順帶一提，製作溫度計時為了精確標記刻度，必須設置兩個以上的溫度參考點（溫度定點）。
示意圖
定點①
定點②
以相同間隔標上刻度

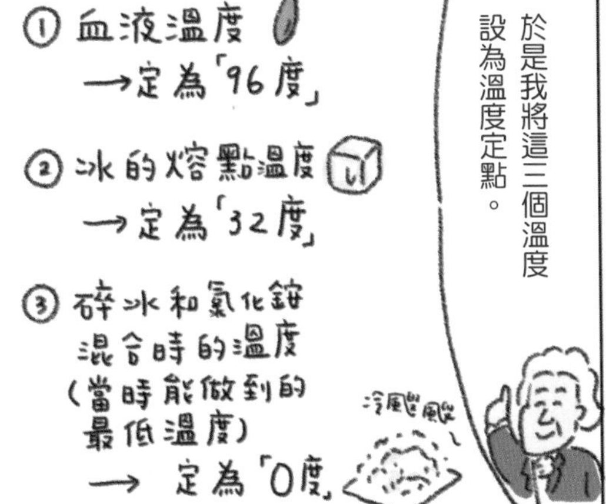
於是我將這三個溫度設為溫度定點。
① 血液溫度
→定為「96度」
② 冰的熔點溫度
→定為「32度」
③ 碎冰和氯化銨混合時的溫度（當時能做到的最低溫度）
→ 定為「0度」
冷颼颼

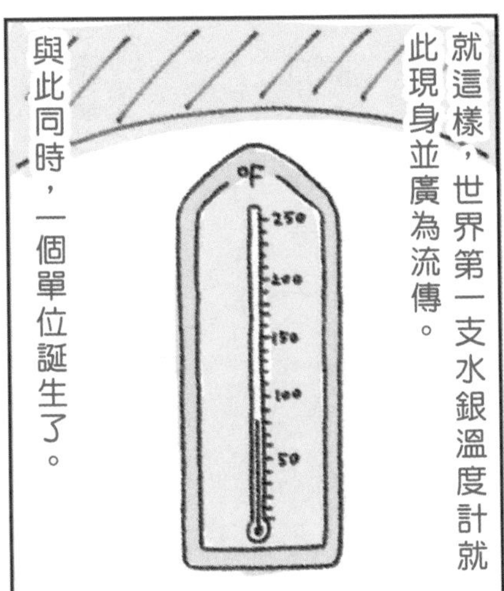
就這樣，世界第一支水銀溫度計就此現身並廣為流傳。
°F
250
200
150
100
50
與此同時，一個單位誕生了。

那就是華氏溫度。
華氏溫度君
也稱為華氏溫標喔！
名稱：華氏溫度　符號：°F
分類：非SI單位

這個單位在台灣很少見，但美國等地至今依然使用華氏溫度。
台灣幾乎不用，對吧！
好，我明白了

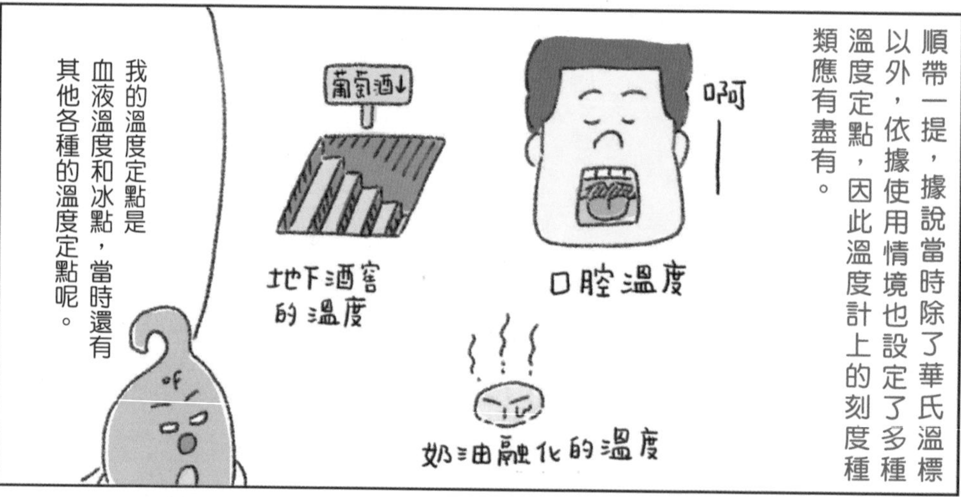

順帶一提，據說當時除了華氏溫標以外，依據使用情境也設定了多種溫度定點，因此溫度計上的刻度種類應有盡有。
啊
口腔溫度
葡萄酒↓
地下酒窖的溫度
奶油融化的溫度
我的溫度定點是血液溫度和冰點，當時還有其他各種的溫度定點呢。

後來到了十八世紀中葉，天文學家攝爾修斯重新將溫度計的刻度均分成一百等分。
果然一百等分更簡單明瞭。
冰點100度
沸點0度
咻
就把水的冰點定為100度，沸點定為0度吧！
不知為何當時冰點反而定的比較高。

但後來，
冰點0度，沸點100度，這樣比較簡單明瞭吧！
抱歉…
將冰點與沸點的溫度設定對調了。
就這樣現在廣為使用的單位誕生了！
攝氏溫度君
也叫做攝氏溫標！
名稱：攝氏溫度　符號：℃
分類：擁有特定名稱及符號的SI導出單位

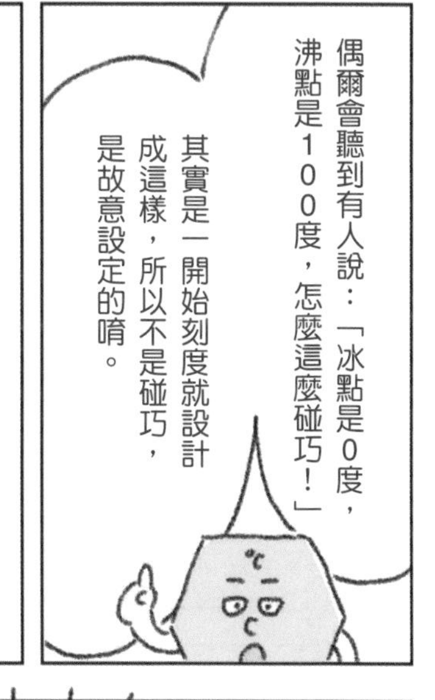
偶爾會聽到有人說：「冰點是0度，沸點是100度，怎麼這麼碰巧！」
其實是一開始刻度就設計成這樣，所以不是碰巧，是故意設定的唷。

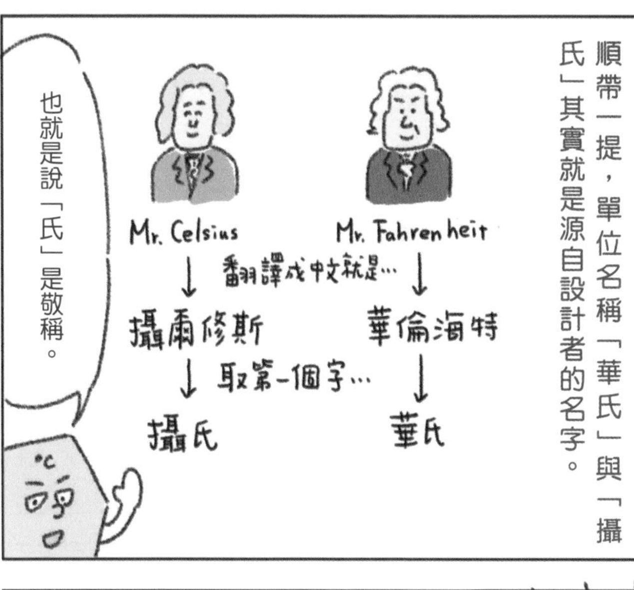
順帶一提，單位名稱「華氏」與「攝氏」其實就是源自設計者的名字。
Mr. Fahrenheit
Mr. Celsius
翻譯成中文就是…
華倫海特
攝爾修斯
取第一個字…
華氏
攝氏
也就是說「氏」是敬稱。

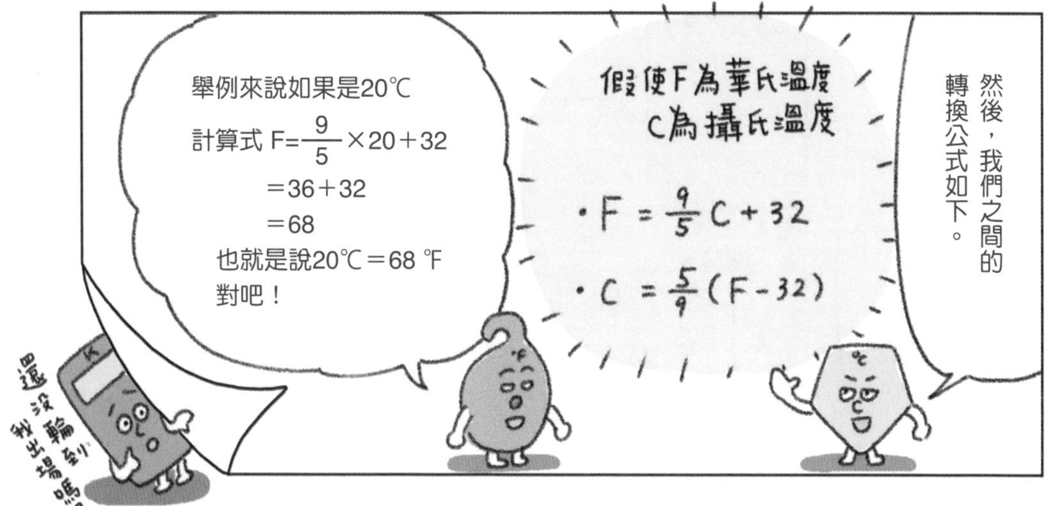
然後，我們之間的轉換公式如下。
假使F為華氏溫度
C為攝氏溫度
・F = 9/5 C + 32
・C = 5/9 (F − 32)
舉例來說如果是20℃
計算式 F=9/5×20＋32
＝36＋32
＝68
也就是說20℃＝68 ℉
對吧！
還沒輪到我出場嗎？

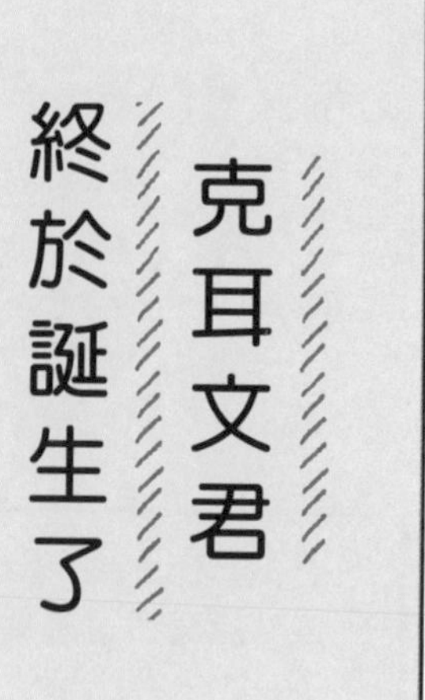
克耳文君
終於誕生了

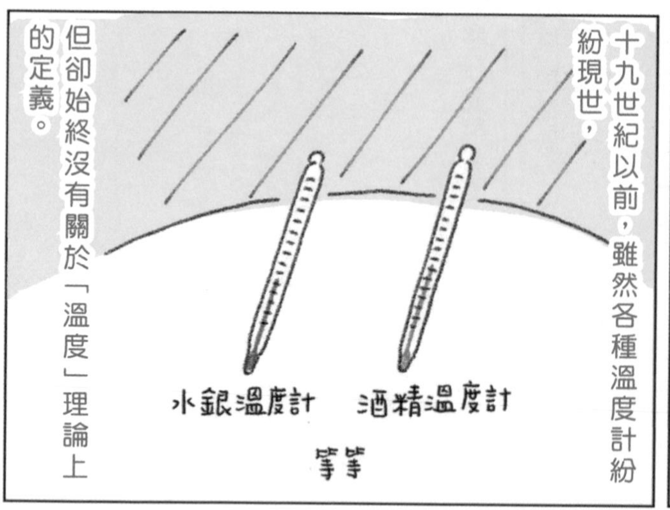
十九世紀以前，雖然各種溫度計紛紛現世，
但卻始終沒有關於「溫度」理論上的定義。
水銀溫度計
酒精溫度計
等等

直到十九世紀中葉，物理學家克耳文男爵提出了一種前所未有的觀點。
呵呵呵
那就是
克耳文男爵
(本名：威廉．湯姆森)

絕對溫度！

當溫度下降到極限內的最低溫，此時物質內的原子停止運動，熱能即為零。
當溫度不斷下降的結果…
凍結！
原子停止運動
原子動能低到最低點時的溫度，即為絕對零度。

將這個絕對零度定為最低溫度，創造出新的溫標。
0克耳文
＝
絕對零度
絕對零度＝－273.15℃

這個論點稱為絕對溫度或熱力學溫度，
至此才確立了「溫度」理論上的定義。
呵呵呵

然後…
咔嚓
咔嚓
蹦出—
終於誕生了!!
克耳文君

順帶一提，現在正式名稱為克耳文（K），但一開始是克氏溫度（°K）。
°K
K
就類似℃和℉的感覺。

到了1968年，克耳文成為SI基本單位之一。
當時決定的定義是這樣的！
K(克耳文)等於水的三相點與絕對零度相差的
1/273.16
我們會在下一頁說明這個定義。

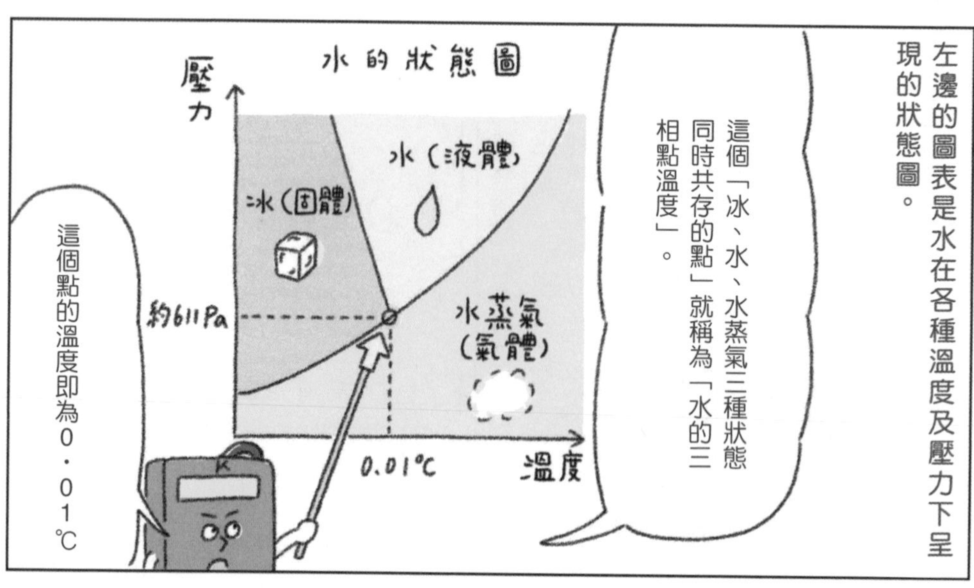
左邊的圖表是水在各種溫度及壓力下呈現的狀態圖。
這個「冰、水、水蒸氣三種狀態同時共存的點」就稱為「水的三相點溫度」。
這個點的溫度即為0．01℃
水的狀態圖
壓力
溫度
水（液體）
冰（固體）
水蒸氣（氣體）
約611Pa
0.01℃

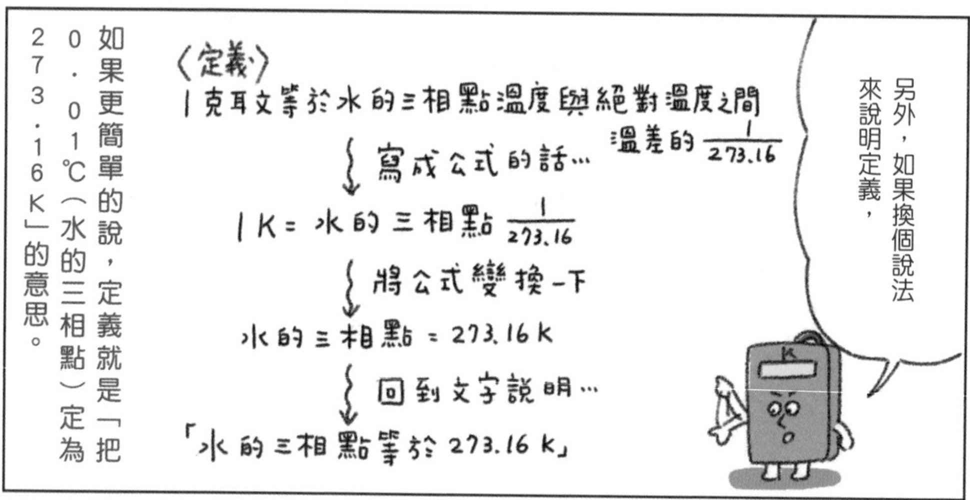
另外，如果換個說法來說明定義，
〈定義〉
1克耳文等於水的三相點溫度與絕對溫度之間溫差的 1/273.16
寫成公式的話…
1K＝水的三相點 1/273.16
將公式變換一下
水的三相點＝273.16K
回到文字說明…
「水的三相點等於273.16K」
如果更簡單的說，定義就是「把0．01℃（水的三相點）定為273．16K」的意思。

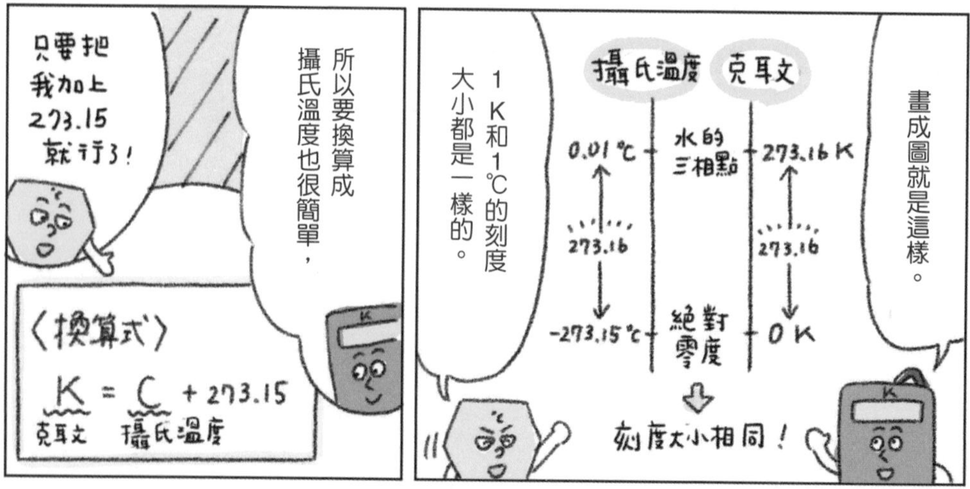
畫成圖就是這樣。
1K和1℃的刻度大小都是一樣的。
攝氏溫度
克耳文
0.01℃
水的三相點
273.16K
273.16
273.16
-273.15℃
絕對零度
0K
刻度大小相同！
所以要換算成攝氏溫度也很簡單，
只要把我加上273.15就行了！
〈換算式〉
K＝C＋273.15
克耳文
攝氏溫度

3種溫標的比較圖

華倫海特先生　攝爾修斯先生　克耳文先生

	華氏溫度 °F	攝氏溫度 °C	克耳文 K
水的沸點	約212 °F	約100 °C	約373.15 K
人的平均體溫	約98.6 °F	約37 °C	約310.15 K
水的三相點	32.018 °F	0.01 °C	273.16 K
絕對零度	−459.67 °F	−273.15 °C	0 K

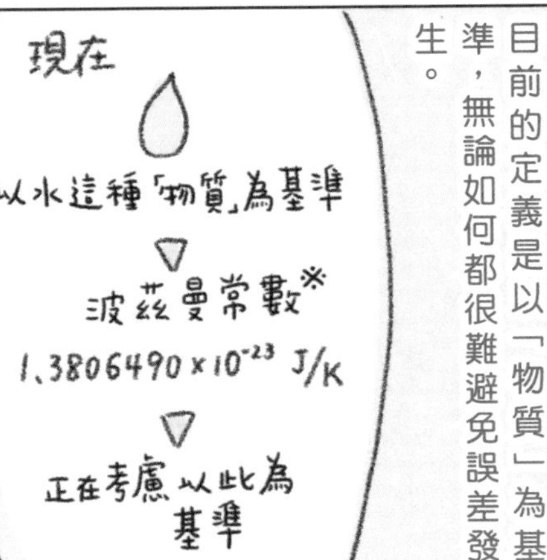

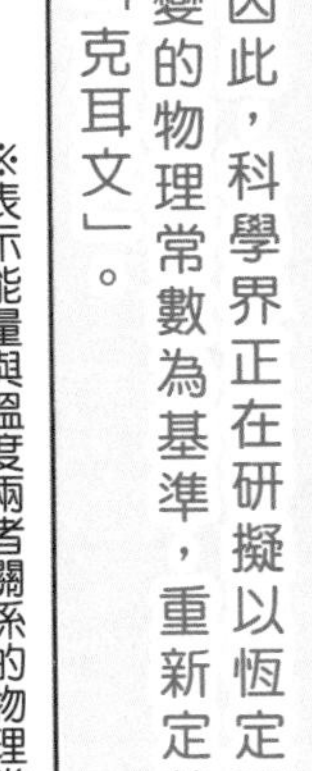

※表示能量與溫度兩者關係的物理常數

克耳文君小檔案

單位符號 

定義

水的三相點溫度與絕對溫度
之間溫差的1/273.16

※新定義：1.3806490 × 10^{-23} J/K
（已於2019年5月20日生效）

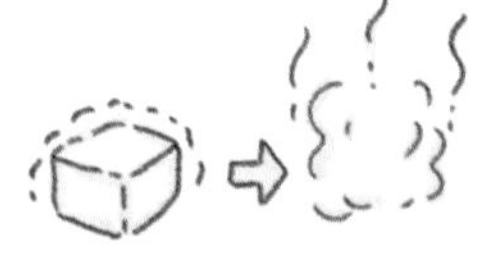

乾冰的昇華點（物質從固態轉化為氣態的溫度）
194.65K

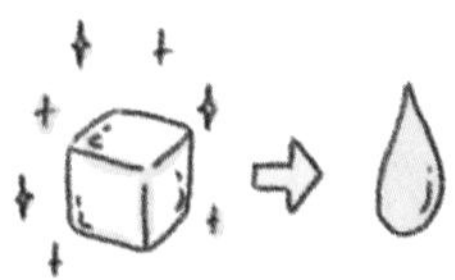

冰的熔點
273.15K

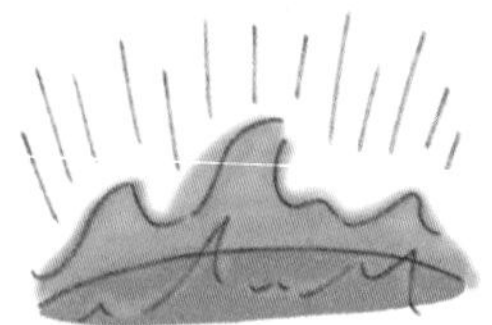

太陽的表面溫度
約6000K

溫度範例

小情報

名字的來歷「克耳文男爵」的本名是威廉· 湯姆森。

專長

正確的測量溫度。

個性

硬要說的話，性格比較偏謹慎，但又意外的喜歡起哄玩鬧。

各式各樣的溫度計

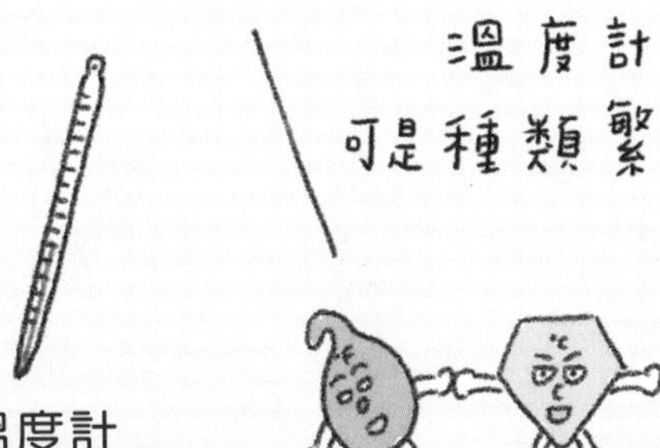

水銀溫度計

由於水銀對溫度反應快，是過去廣泛使用的溫度計。

酒精溫度計

最普遍的溫度計。裡面的液體其實不是酒精，而是煤油。

自記式溫度計

可自動將溫度記錄在紀錄紙上。通常放置在百葉箱裡使用。

雙金屬溫度計

利用兩種不同金屬組成的感溫元件（雙金屬），在溫度改變時，兩種金屬膨脹程度不同的特性。

數位溫度計

利用電阻值會隨溫度變化而變化的特性來測量溫度。

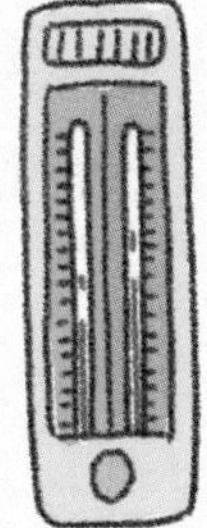

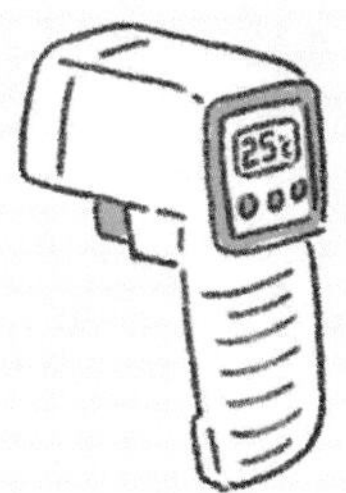

最高最低溫度計

可以量測過去一段期間中曾經出現的最高溫及最低溫。

感溫貼紙

利用特殊液晶的顏色變化即可得知溫度。

紅外線溫度計

透過物體所散發出的紅外線強度來換算出溫度。

趣味小漫畫
咖啡

午餐後
哎呀～
真的吃得好飽耶！
對呀！

對了，我有珍藏的極品咖啡要不要喝呀？
好耶！

幾分鐘後

好了，準備完成。
真令人期待～

現在是
克耳文小常識時間！

手沖咖啡時熱水的溫度非常重要!!
溫度
熱水的溫度？

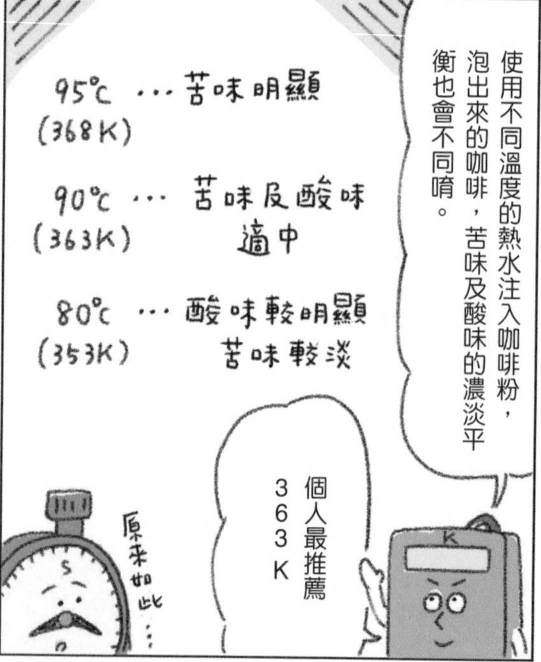
使用不同溫度的熱水注入咖啡粉，泡出來的咖啡，苦味及酸味的濃淡平衡也會不同唷。
95℃ …苦味明顯
(368K)
90℃ … 苦味及酸味適中
(363K)
80℃ …酸味較明顯
(353K) 苦味較淡
個人最推薦363K
原來如此…

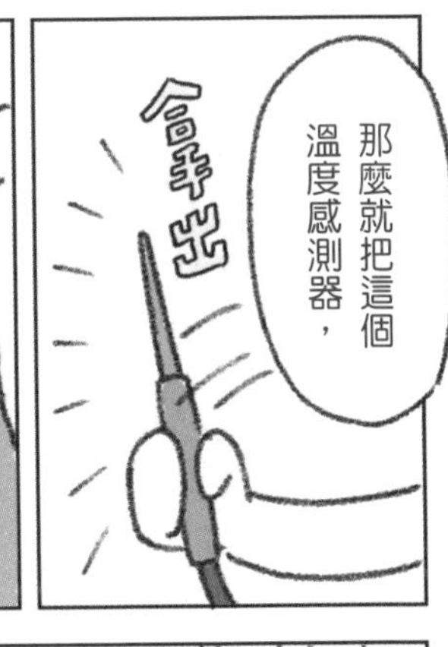
那麼就把這個
溫度感測器，
拿出

噗通
放入熱水中。

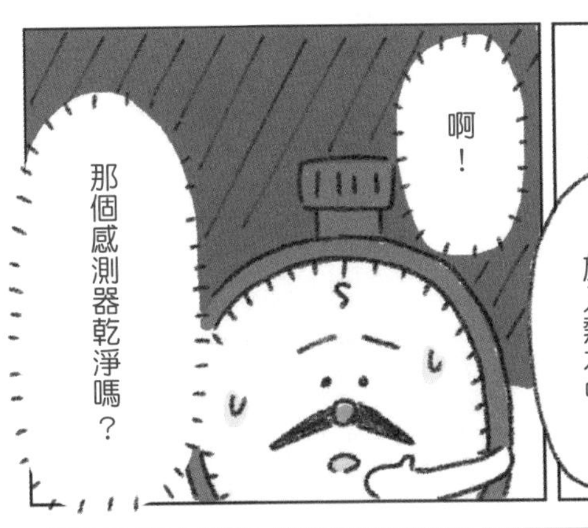
啊！
那個感測器乾淨嗎？

然後
好！
363K
（約90℃）
363K
K

咕嚕
咕嚕
慢慢注入熱水。

好了，請喝!!
謝謝⋯
咔嗒

那個，剛才測量溫度前，
感測器應該有洗過吧？
那當然！

啊哈哈，說的也是～
咕嘟
好喝⋯
啊！說起來我
剛剛才量過地面
溫度。
插入

噗—
啊！但是
我有好好
洗過了。

一定的嘛～
抱歉！我不小心噴出來了！
啊～真好喝⋯
應該，
洗過了吧？

COLUMN

成為冒險小說題材的單位

產業技術綜合研究所 計量標準綜合中心
物理計測標準研究部門 首席研究員
山田善郎

以《海底兩萬哩》、《環遊世界八十天》等著作聞名世界，每個青少年一定都拜讀過大作的法國知名科幻冒險小說家——儒勒．凡爾納(Jules Verne)，他曾經寫過一本小說，故事內容圍繞著「長度單位公尺」。

《測量子午線（Meridiana measurement）》這本於1872年出版的小說，內容描述由兩國組成的聯合探測隊，一路上反覆以三角測量法進行測量演算，並沿著子午線從非洲大陸南方的奧蘭治河長途跋涉超過一千多公里北上至尚比西河，期間長達一年半的冒險之旅。

這趟旅行的目的是為了精確測量地球的大小，以確立長度單位公尺的定義。十八世紀末葉，公尺導入之初的定義為北極到赤道間子午線弧長的一千萬分之一。眾所皆知，當初為了正確測量出定義中的一公尺長度，曾以三角測量法測量了法國敦克爾克到西班牙巴塞隆納之間的距離。

然而，地球並非真正的球體，而是南北兩極稍微凹陷的橢圓體。因此，只測量一個地方是不夠的，為了讓公尺的定義更貼近正確數字，之後在世界各地也進行了子午線弧長的測量。

而這本小說正是以1854年時進行了這樣一個（虛構的）測量計畫為題材。

被法國領先一步導入公尺的英國及俄羅斯兩國，賭上國家威信，聯合組成一隊探測隊。旅途中每日到達新地點，天文學家便大展身手，透過天體觀測正確推算出該地點的緯度與經度，同時數學家也全力以赴，以精密測量取得角度資訊，進行高精確度的三角函數運算。

小說中探測隊的冒險舞台位於非洲大陸，因此一行人不是遭遇野生動物，就是被原住民襲擊，旅途上陷入重重危機。隨著未知世界中賭上性命的研究人員們的冒險旅途，讀者的心情也隨之波瀾起伏。

再加上俄羅斯與英國之間，戰爭一觸即發的狀態，一度分道揚鑣的兩國隊員最後再次同心協力跨越難關達成任務的戲劇化展開。

距離小說出版已經快要一百五十年的現在，為了追求單位定義下更精確的量測結果，抑或是更精確的單位定義本身，度量衡標準的相關研究人員們，依然日以繼夜熱情並忘我的投入在研究工作中。

時而跨越國境投入量測工作，與一同灑熱血的異國同伴萌發友情；時而為了達成世界第一的精確度，賭上國家威信展開激烈交鋒。

為了追尋更加普及、更加可靠的單位，超越時空的冒險之旅現在依然持續著。

總覺得有人在看我……

盯……

第 6 章

電流

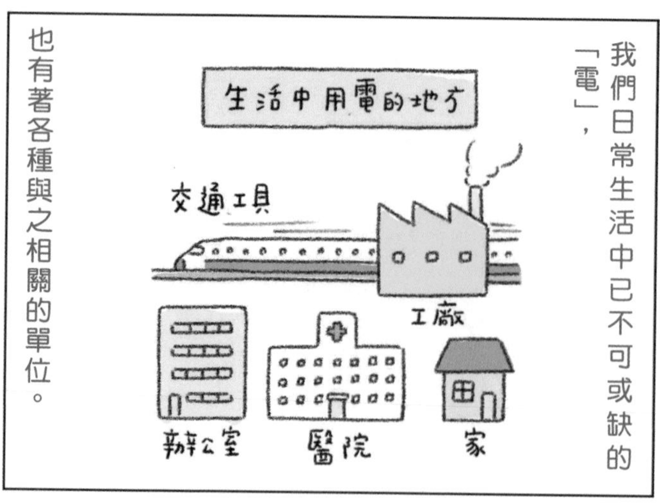

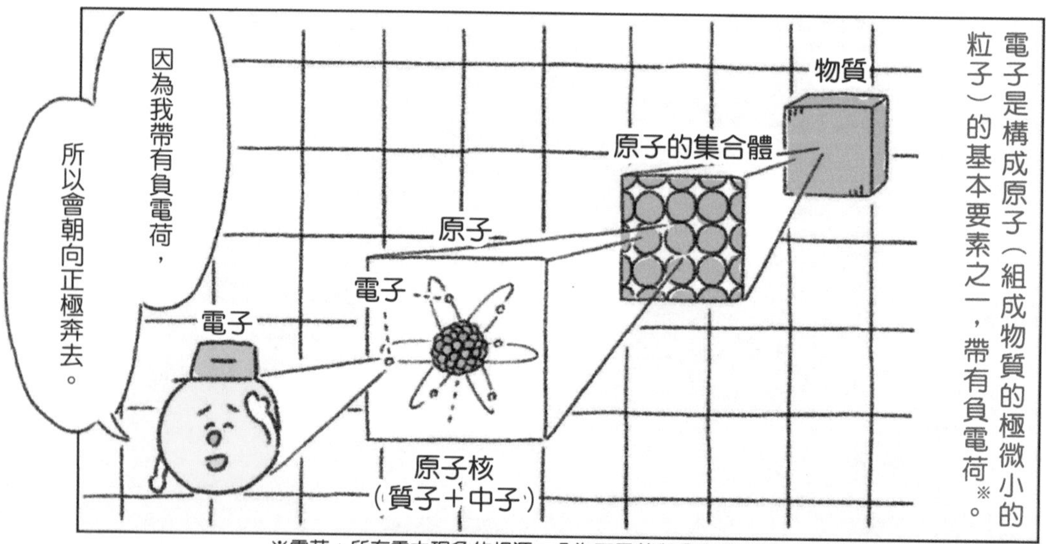

※電荷：所有電力現象的根源。分為正電荷與負電荷兩種，兩個異性電荷會互相吸引。

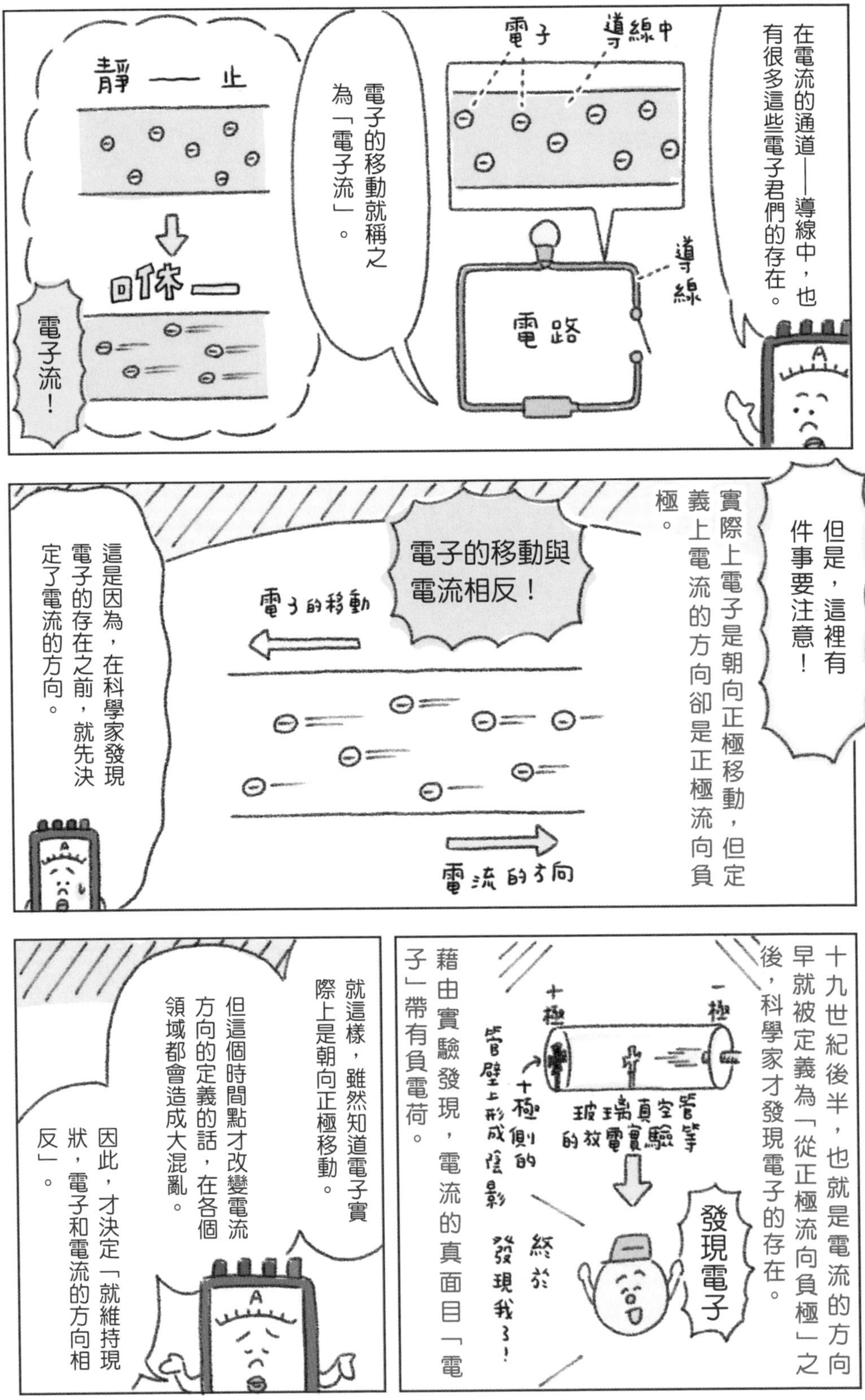

在電流的通道——導線中，也有很多這些電子君們的存在。

電子

導線中

導線

電路

電子的移動就稱之為「電子流」。

靜——止

咻—

電子流！

但是，這裡有件事要注意！

實際上電子是朝向正極移動，但定義上電流的方向卻是正極流向負極。

電子的移動與電流相反！

電子的移動

電流的方向

這是因為，在科學家發現電子的存在之前，就先決定了電流的方向。

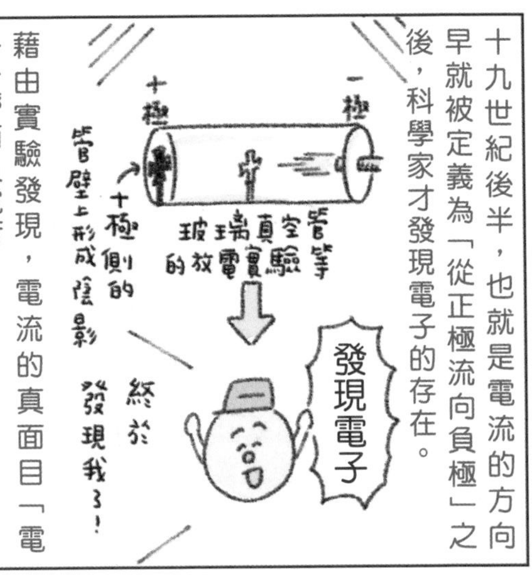

十九世紀後半，也就是電流的方向早就被定義為「從正極流向負極」之後，科學家才發現電子的存在。
一極
十極
十極側的管壁上形成陰影
玻璃真空管的放電實驗等
藉由實驗發現，電流的真面目「電子」帶有負電荷。
發現電子
終於發現我了！

就這樣，雖然知道電子實際上是朝向正極移動。
但這個時間點才改變電流方向的定義的話，在各個領域都會造成大混亂。
因此，才決定「就維持現狀，電子和電流的方向相反」。

安培君與他的夥伴們

安培的定義是這樣的。

1安培等於
兩條極細且無限長的導線，於真空中平行相距1公尺，其每公尺長之導線間產生2×10^{-7}牛頓作用力之恆定電流。

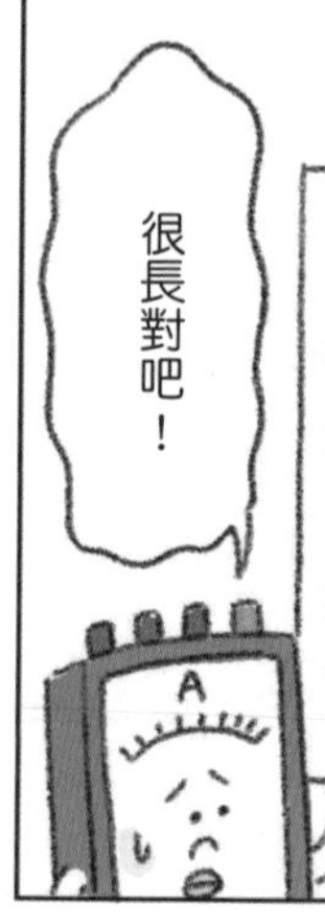

名稱：庫侖　量：電量　符號：C
定義：1安培的直流電在1秒內所搬運的電量。

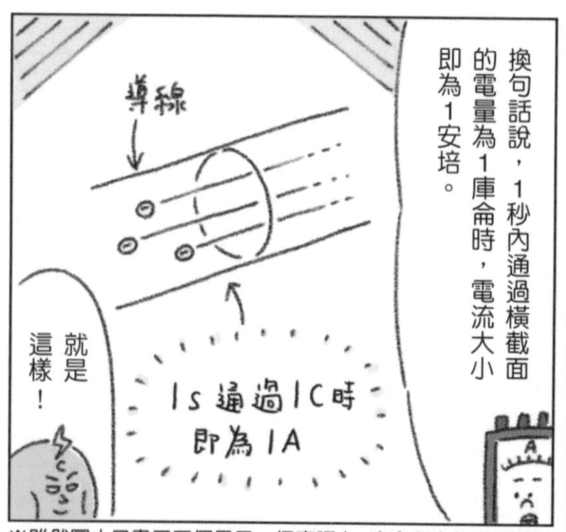

※雖然圖中只畫了三個電子，但實際上1庫侖所含的電子數量非常非常多唷！

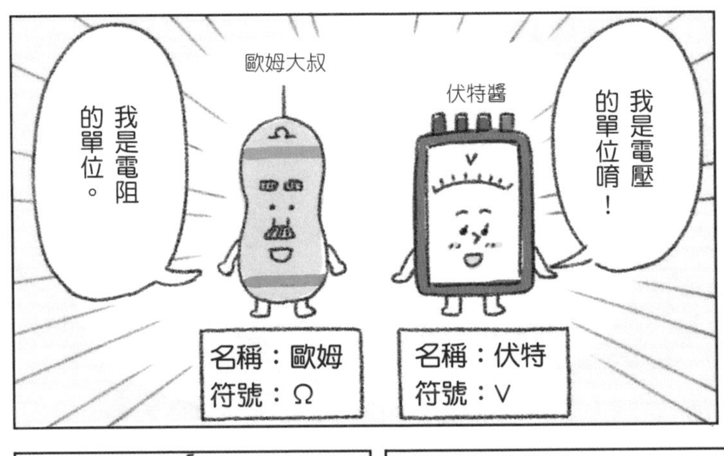

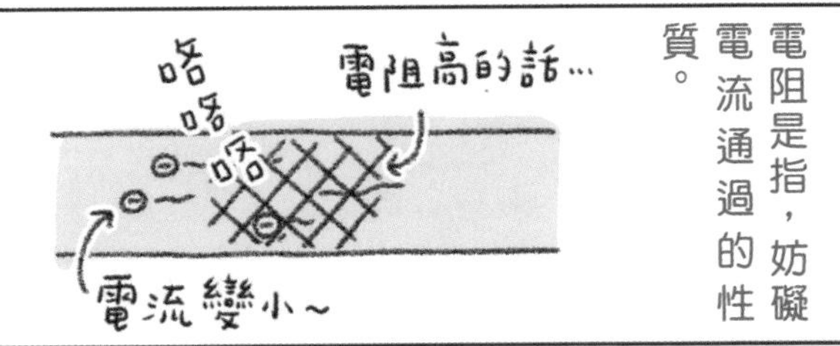

舉例來說，根據計算結果，左邊的電路為0．5A。

電阻：10 Ω

電壓5V

$$電流=\frac{5}{10}=0.5\,A$$

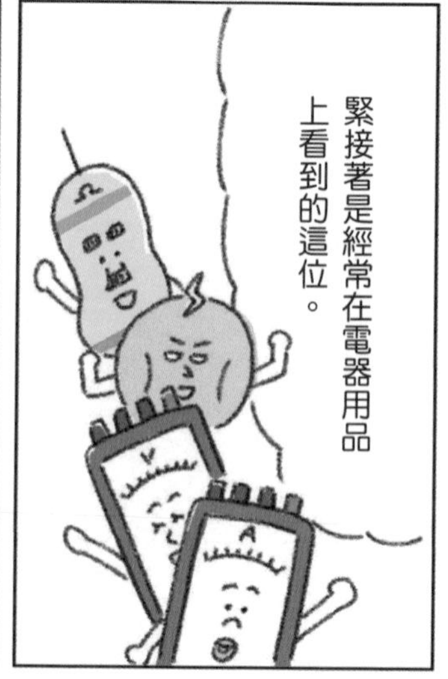
緊接著是經常在電器用品上看到的這位。

我是電功率的單位。
同時也是功率的單位唷！（參閱第4章）
瓦特君

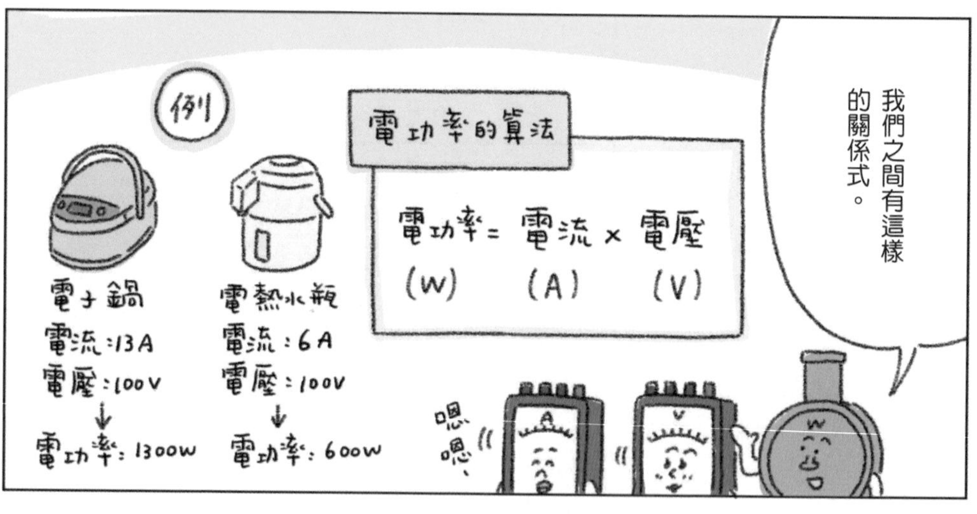
我們之間有這樣的關係式。
電功率的算法
電功率＝電流×電壓
(W) (A) (V)
例
電子鍋
電流：13A
電壓：100V
電功率：1300W
電熱水瓶
電流：6A
電壓：100V
電功率：600W
嗯嗯、

如上所述，我們電力單位可以利用各種關係式連結在一起。
安培先生 伏打先生 庫倫先生 歐姆先生
各位科學家
這都歸功於眾多科學家的研究成果。

安培君小檔案

一秒內通過一個電子的電流

約1.6×10⁻¹⁹A

一般家用電流

10～60A

打雷

約30kA

電流範例

單位符號 

定義

兩條極細且無限長的導線，於真空中平行相距1公尺，其每公尺長之導線間產生2×10^{-7}牛頓作用力之恆定電流。

※新定義：當基本電荷e，以單位C，即A· s，表示時，將其固定數值取為$1.602176634\times10^{-19}$來定義安培。（已於2019年5月20日生效）

小情報	專長	個性
有一種電流天平，當電磁力※與物體質量的重力達到平衡時，即可測得電流數值。	戴上眼鏡就能測量電流。	對喜好的事物會追根究底的類型。

※電流與磁場交互作用下產生的作用力

電與磁的關係

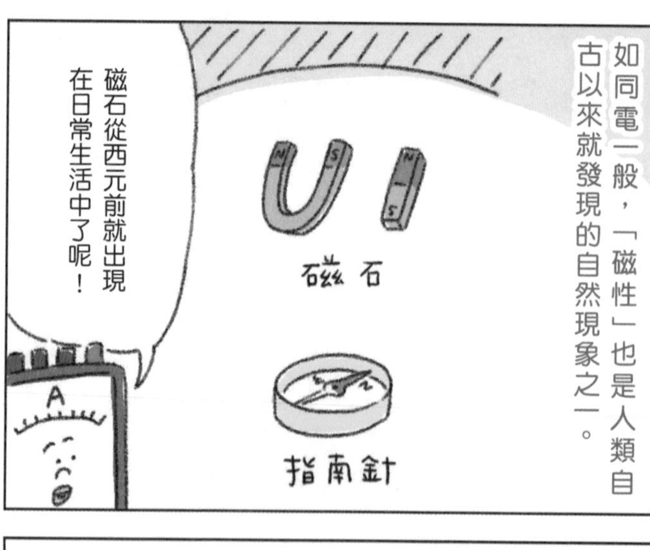

如同電一般，「磁性」也是人類自古以來就發現的自然現象之一。
磁石
指南針
磁石從西元前就出現在日常生活中了呢！

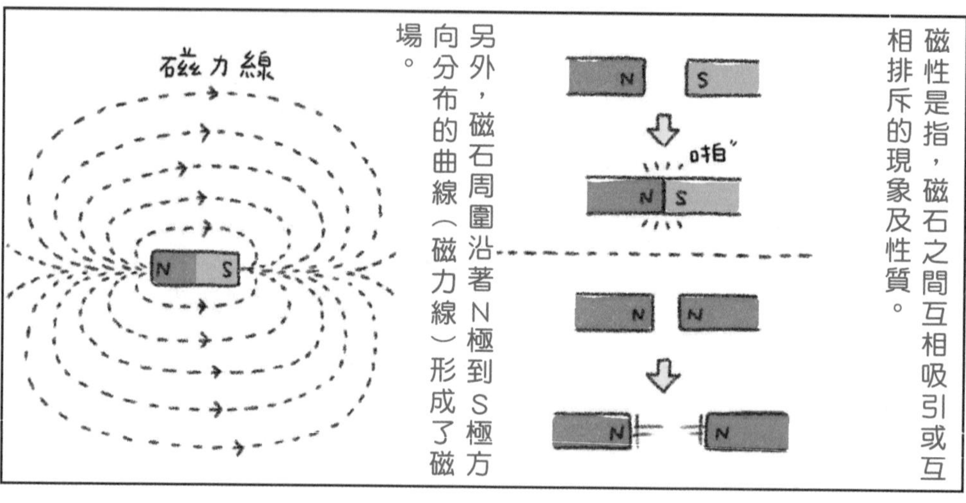

磁性是指，磁石之間互相吸引或互相排斥的現象及性質。
啪"
另外，磁石周圍沿著N極到S極方向分布的曲線（磁力線）形成了磁場。
磁力線

雖然如今我們已經知道「磁力」與「電力」之間互有相關性，
但在過去有很長一段時間，都以為它們是完全不相干的東西。

十九世紀前半葉，丹麥物理學家奧斯特在大學講課時偶然發現了一件事。
奧斯特先生
各位同學，
接下來的實驗，請大家像這樣把電流……

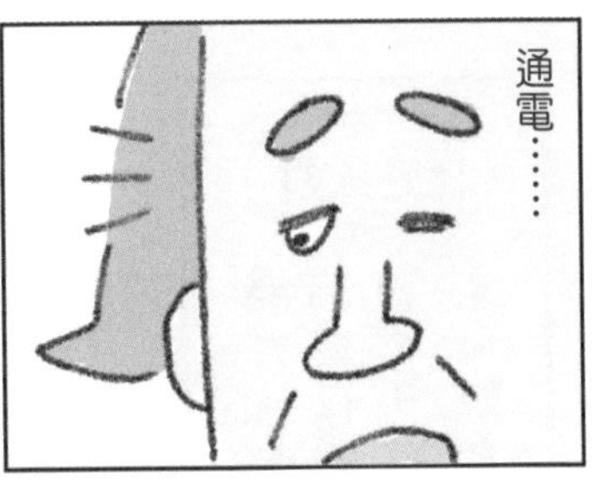

通電……

!?

指南針的針在晃動！
搖晃搖晃
通電的導線
指南針
這，這是大發現啊！

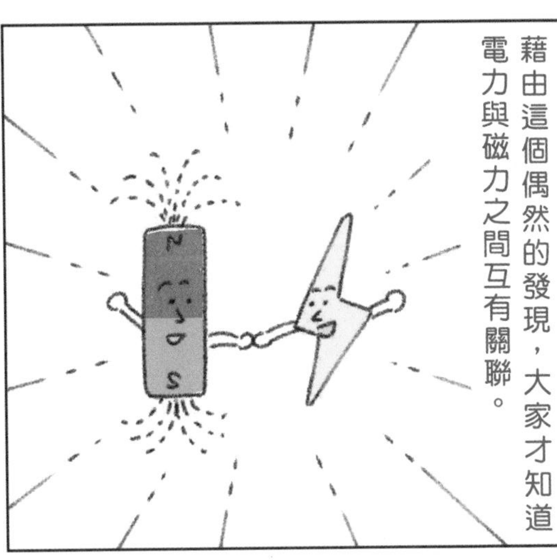

藉由這個偶然的發現，大家才知道電力與磁力之間互有關聯。
N
S

這個偉大的發現，轉瞬之間就在整個歐洲的科學家之間傳遍開來，
成為電磁學※蓬勃發展的引爆點。
A

※電磁學：物理學中探討電與磁相關現象的一個研究領域

不僅如此，發現電流磁效應的同一年，法國物理學家安培也發現了一個定則。
稱之為，
安培右手定則。
這位安培先生就是我名稱的由來。
A

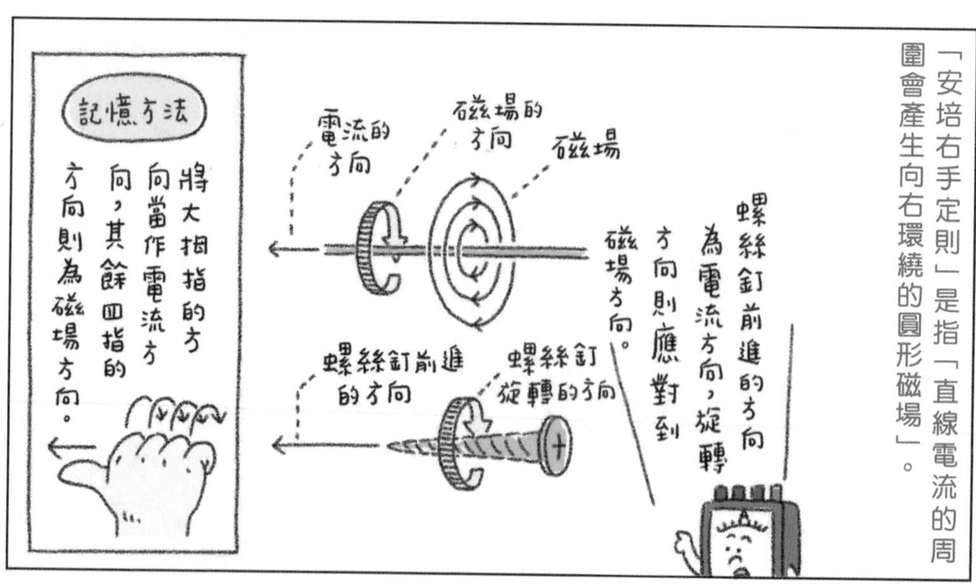
「安培右手定則」是指「直線電流的周圍會產生向右環繞的圓形磁場」。
記憶方法
將大拇指的方向當作電流方向，其餘四指的方向則為磁場方向。
電流的方向
磁場的方向
磁場
螺絲釘前進的方向為電流方向，旋轉方向則應對到磁場方向。
螺絲釘前進的方向
螺絲釘旋轉的方向

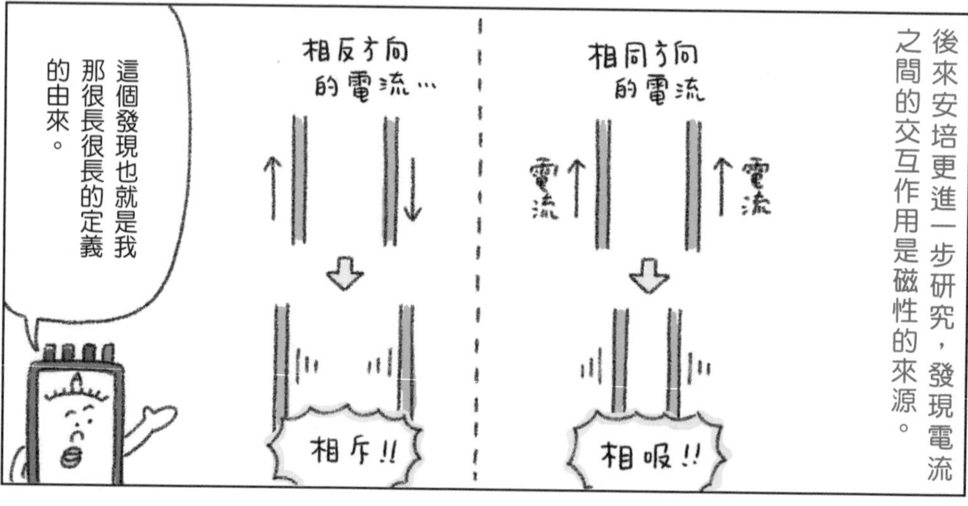
後來安培更進一步研究，發現電流之間的交互作用是磁性的來源。
相同方向的電流
電流
電流
相吸!!
相反方向的電流…
相斥!!
這個發現也就是我那很長很長的定義的由來。

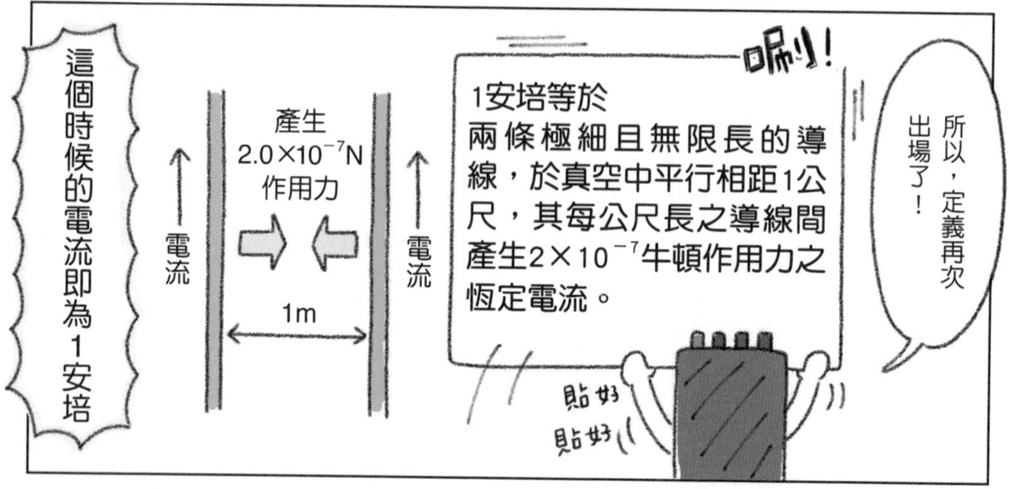
所以，定義再次出場了！
唰!
1安培等於
兩條極細且無限長的導線，於真空中平行相距1公尺，其每公尺長之導線間產生2×10⁻⁷牛頓作用力之恆定電流。
貼好
貼好
電流
產生
2.0×10⁻⁷N
作用力
電流
1m
這個時候的電流即為1安培

電磁力的現象與定律

從眾多定律中挑出兩個來介紹

◎法拉第的電磁感應

磁石在線圈中來回移動時，產生電流的現象。

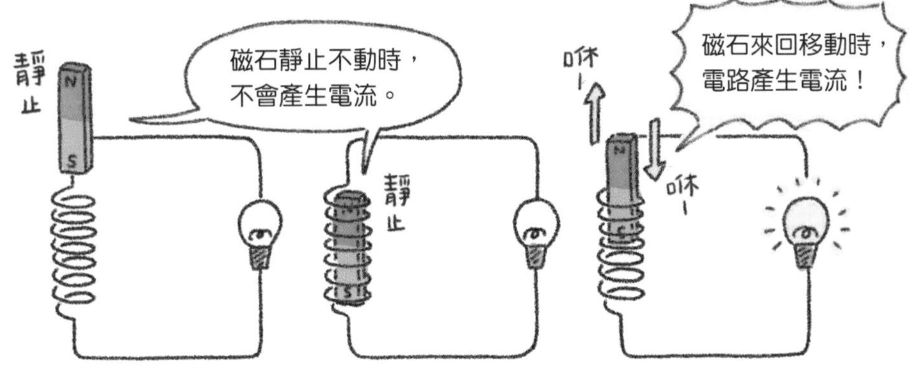

靜止
磁石靜止不動時，
不會產生電流。
靜止
咻—
咻—
磁石來回移動時，
電路產生電流！

◎弗萊明左手定則

幫助我們更容易理解「電流、磁場、作用力」三者間的方向關係的定律。

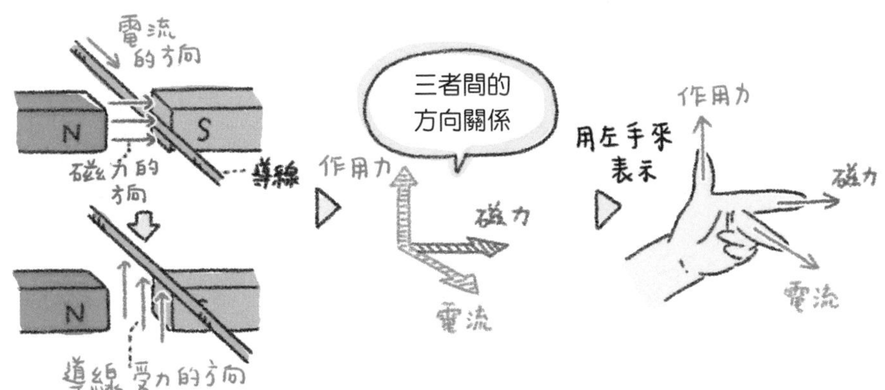

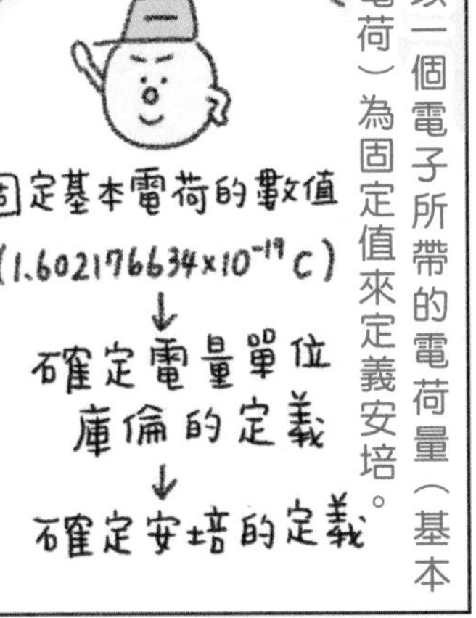

重大貢獻的科學家

主要介紹活躍於十八到十九世紀的科學家們。

庫侖

1736-1806

法國物理學家。電磁學基本定律「庫侖定律」的發現者。電量單位庫侖(C)的由來。

伏打

1745-1827

義大利物理學家。利用銅、鋅、食鹽水，發明出伏打電堆（電池）。電壓單位伏特(V)的由來。

賈伐尼

1737-1798

義大利解剖學家。發現解剖中的青蛙腿接觸到兩種金屬器械會顫動。後來成為伏打電堆（電池）的發明契機

奧斯特

1777-1851

丹麥物理學家。發現電流的磁效應，為電磁學的發展打下基礎。

安培

1775-1836

法國物理學家。安培右手定則的發現者。電流單位安培(A)的由來。

對電磁學的發展有

歐姆
1789-1854

德國物理學家。
歐姆定律的發現者。
電阻單位歐姆(Ω)
的由來。

高斯
1777-1855

德國數學家。
提出可表明電荷
與電場之間關係
的「高斯定律」等，
在數學以外的領域
也十分活躍。

法拉第
1791-1867

英國物理學家及化
學家。
電磁感應定律的發
現者。電容單位法
拉(F)的由來。

丹尼爾
1790-1845

英國化學家。
改良伏打電堆，解
決電池極化問題，
發明了電動勢更為
穩定，實用性高的
鋅銅電池。

馬克士威
1831-1879

英國物理學家。
將法拉第發現的定
律整理成數學方程
組，成功整合了電
磁學理論。

韋伯
1804-1891

德國物理學家。
對於地磁學（源自
地球內部的磁場）
的研究及電磁學單
位的統一有極大貢
獻。磁通量單位韋
伯(Wb)的由來。

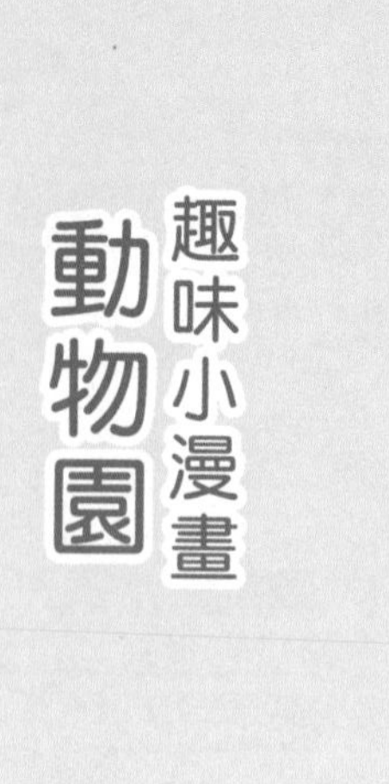
趣味小漫畫
動物園

安培君與公斤君兩人來到了動物園。
接下來要看什麼好？
真難選。

這裡好像挺有趣的不是嗎？
水中生物館
喔 不錯耶～

不知道有哪些生物呢？
真期待！

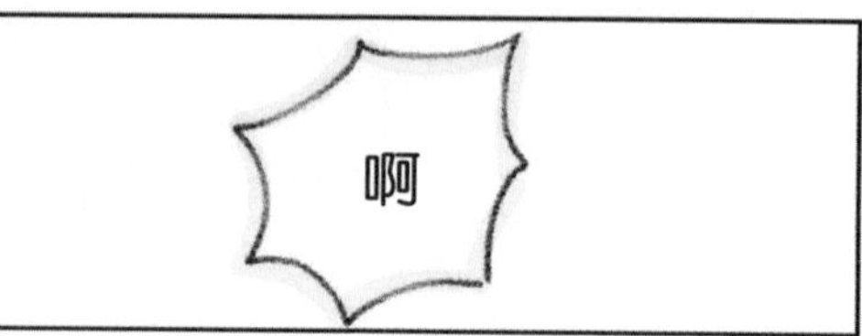
啊

電鰻！

嗶嗶
000
000
000
測定模式，啟動!!
咔嚓-
嗶!
0.6 A
原來如此~
這裡是電鰩!!
這裡是彼氏錐頜象鼻魚!
唰
唰
唰
……
可以自己發電太厲害了!
啊
還有電鯰耶!
發電魚展開展中!
生物館
為什麼有這麼多發電魚類呢?

COLUMN

單位的祕密——幸運的電阻

之前出差時投宿的旅館房間是1823號房。櫃台前我微變的臉色，也許早已不小心洩漏出心中的悸動。搭乘電梯，找到房號，打開房門的瞬間，我大致確定了某個猜想。迫不及待進了房間，連行李都無暇整理就開始進行計算。正如預料是質數沒錯，似乎預告著這趟出差也會一切順利。世界上沒有不喜歡質數的科學家，應該吧。

就像物理學家的皮箱密碼是「0137」，數學家的車牌號碼是「1729」一樣的理所當然，因為那是他們心中最偏愛的數字。但世上之事大抵如此，不想皮箱密碼太好猜而故意避開這組數字，中意的車牌號碼遭到家人反對而被駁回。遇到這種情況大多只能妥協著挑選「2525（日文音同笑咪咪）」之類有點難為情的號碼。「137」是粒子物理學中，經常出現的精細結構常數的倒數之近似值，同時也是一個質數，是物理學界無人不知無人不曉，廣受喜愛的數字之一。「1729」則是因為哈代與拉馬努金一則關於計程車的逸聞而赫赫有名的一組數字，這個數在所有可以用兩個立方數之和來表達而且有兩種表達方式的數之中是最小的，是數學界無人不知無人不曉，廣受喜愛的數字之一。對他們各自來說，是很好記的多位數字。

產業技術綜合研究所 計量標準綜合中心
物理計測標準研究部門 首席研究員
應用電力標準研究小組組長
金子晉久

精細結構常數的倒數，為光速、電氣常數（又稱真空電容率）、普朗克常數以及基本電荷（電子所帶的電荷）的平方值之組合表示而成的無量綱量。這些不是極端龐大就是極其微小的基本物理常數，組合後卻得出137這個乾淨俐落的數字。舉例來說，光速大約是10^{8}這個程度的大小，磁常數則是10^{-7}（正確為⇒電氣常數則是10^{-12}），普朗克常數更是到達10^{-34}，而基本電荷本身已小至10^{-19}，平方之後到達10^{-38}的程度。驚人的巧合下，這些常數組合之後，彼此的乘冪剛好可以互相消除，得出約137這個簡單明瞭的數字。

在國際單位制中，光速與磁常數是一個定義值。考慮到這點的話，精細結構常數之倒數的測量不確定度，便直接關係到普朗克常數與基本電荷平方值的測量不確定度了。具體來說，可以用（普朗克常數）÷（基本電荷平方值）的比例關係來表示精細結構常數之倒數。而該比例常數中，包含了光速與磁常數。

事實上，（普朗克常數）÷（基本電荷平方值）這個關係式本身就代表一個基本物理常數，稱之為馮克立曾常數，其值約為25813。又是一組乾淨俐落又好記的多位數字，實在太美了。很久以前我的電腦密碼就用了這個數字，不過馬上就會被拆穿，是不要用的好。

更令人驚奇的是，馮克立曾常數的單位為電阻Ω，意即（普朗克常數）÷（基本電荷平方值）～約為25813Ω。這裡看似遙不可及的粒子物理學，居然與大家日常熟悉的三用電表量測電路互有關聯。實際上這個常數稱為量化霍爾電阻，經常運用在凝態物理學，尤其常運用在奈米尺度下的物理學中，這個常數的發現者——馮．克立曾先生獲頒諾貝爾獎的研究，論文命題《基於量化霍爾電阻精確量測精細結構常數的新方法》便一語道破了這點。

這個量化霍爾電阻，也因其驚人的量測準確性及安定性，而被採用為「電阻值的標準」。實務上也常使用該常數的一半值，約12906Ω的量化霍爾電阻值來進行量測。更令人驚喜的是，以目前的電子量測技術，所能達到最低不確定度的量測範圍，正好落在10000Ω附近，正可謂完美的咬中甜蜜點。這些不是極端龐大就是極其微小的數值組合，命運般的恰好落在人類發明的量測方法下最容易量測的數值範圍內，有如奇蹟一般，太幸運了。亦或者有什麼潛在的必然性存在其中也說不定。如果有一個世界，基本物理常數跟我們所在的世界稍有一點出入，連帶的電阻標準也會變得不那麼好用吧。當然，可能的話，該世界不同於我們的「智慧生物」或許使用著不同的精密測量法也說不定。即便如此，也有專屬該世界的幸運巧合存在吧。

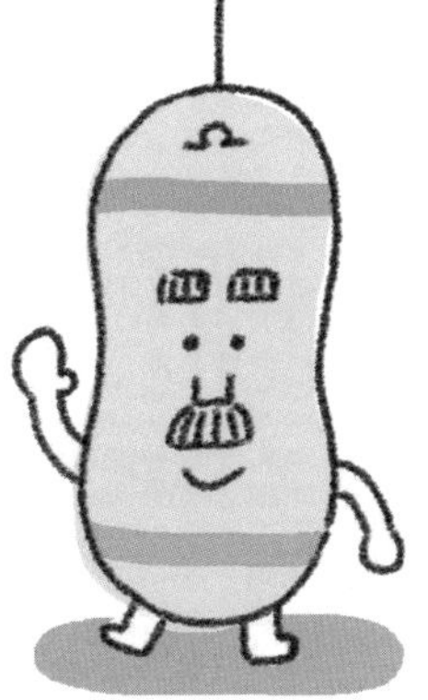

發電魚展
開展中!!
啊!原來有
這種展覽啊!
總算明白了…
嗚哇!
太強了!

第 7 章

發光強度

何謂發光強度

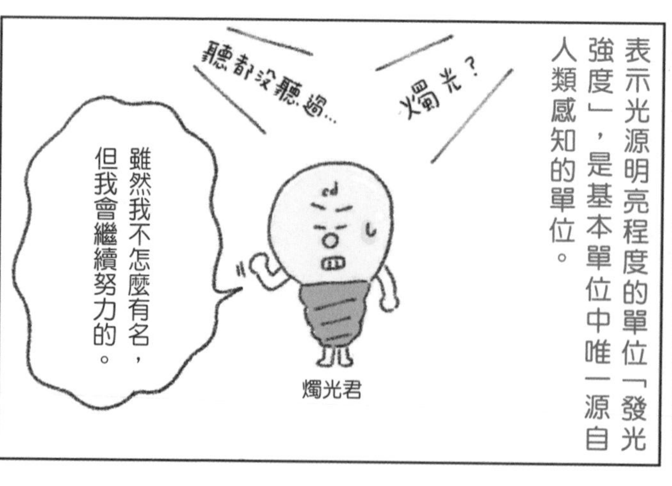
表示光源明亮程度的單位「發光強度」，是基本單位中唯一源自人類感知的單位。
燭光？
聽都沒聽過⋯
雖然我不怎麼有名，但我會繼續努力的。
燭光君

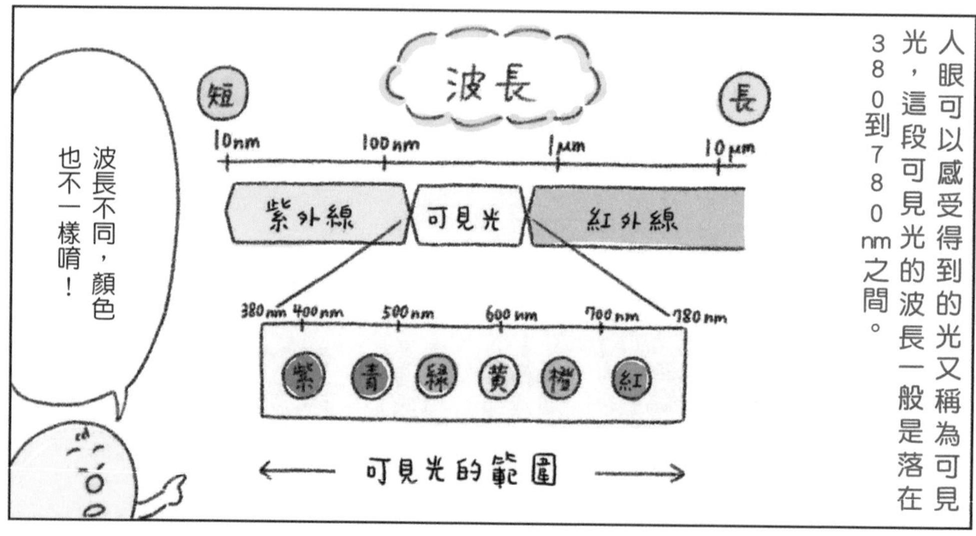
人眼可以感受得到的光又稱為可見光，這段可見光的波長一般是落在380到780nm之間。
波長
短
長
10nm
100nm
1μm
10μm
紫外線
可見光
紅外線
380nm
400nm
500nm
600nm
700nm
780nm
紫
青
綠
黃
橙
紅
可見光的範圍
波長不同，顏色也不一樣唷！

這個可見光的明亮程度，都是由我來負責表示的。
喂！說謊不可取！

糟了！
這個聲音是⋯

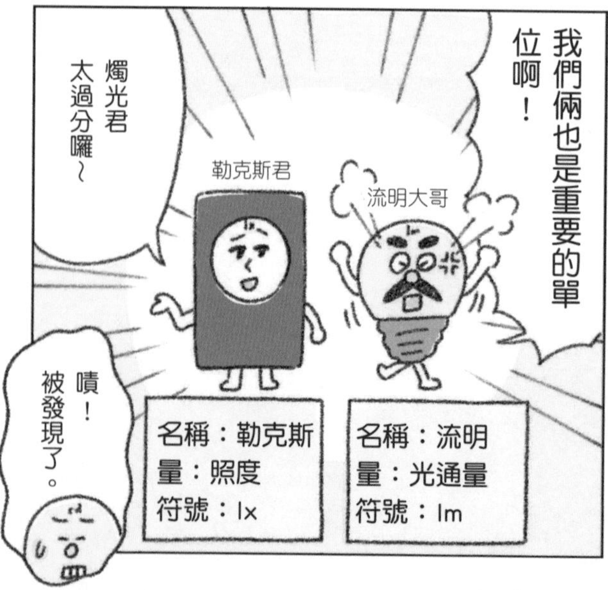
我們倆也是重要的單位啊！
燭光君太過分囉～
勒克斯君
流明大哥
名稱：勒克斯
量：照度
符號：lx
名稱：流明
量：光通量
符號：lm
嘖！被發現了。

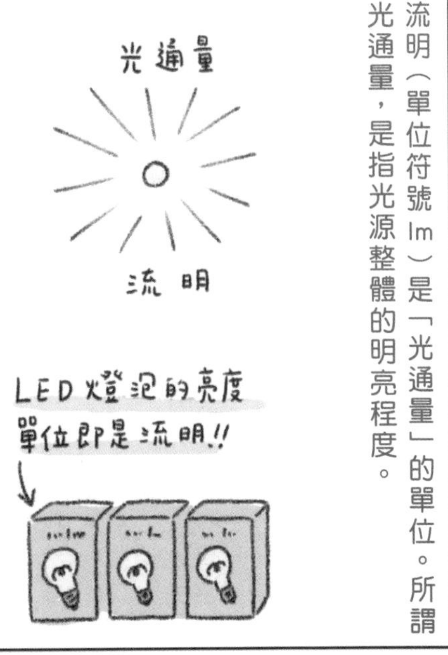
流明（單位符號lm）是「光通量」的單位。所謂光通量，是指光源整體的明亮程度。
光通量
流明
LED燈泡的亮度單位即是流明!!

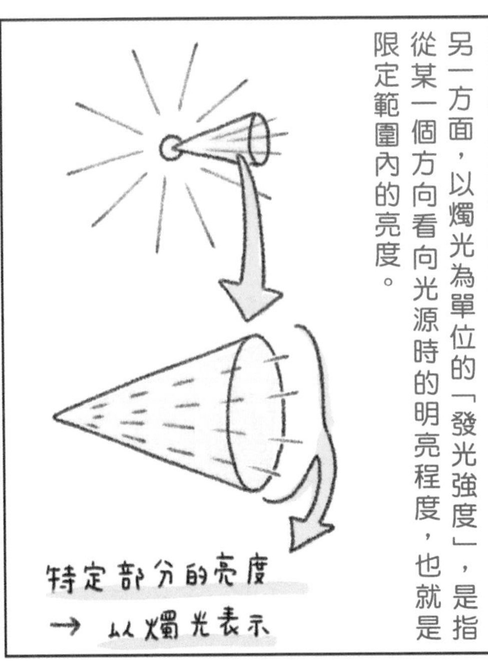
另一方面，以燭光為單位的「發光強度」，是指從某一個方向看向光源時的明亮程度，也就是限定範圍內的亮度。
特定部分的亮度
→ 以燭光表示

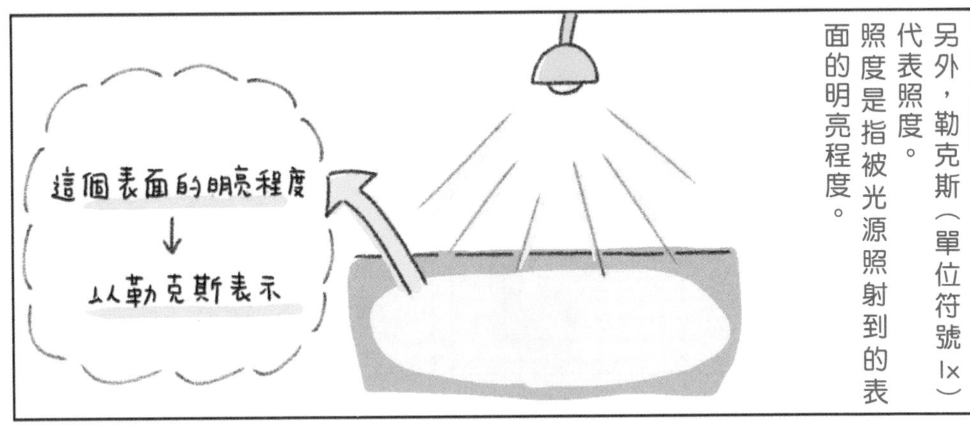
另外，勒克斯（單位符號lx）代表照度。照度是指被光源照射到的表面的明亮程度。
這個表面的明亮程度
↓
以勒克斯表示

也就是說，我和燭光君代表光源本身的亮度。
光源
流明
燭光
嗯嗯
面
勒克斯
我則是被照射面的明亮程度。

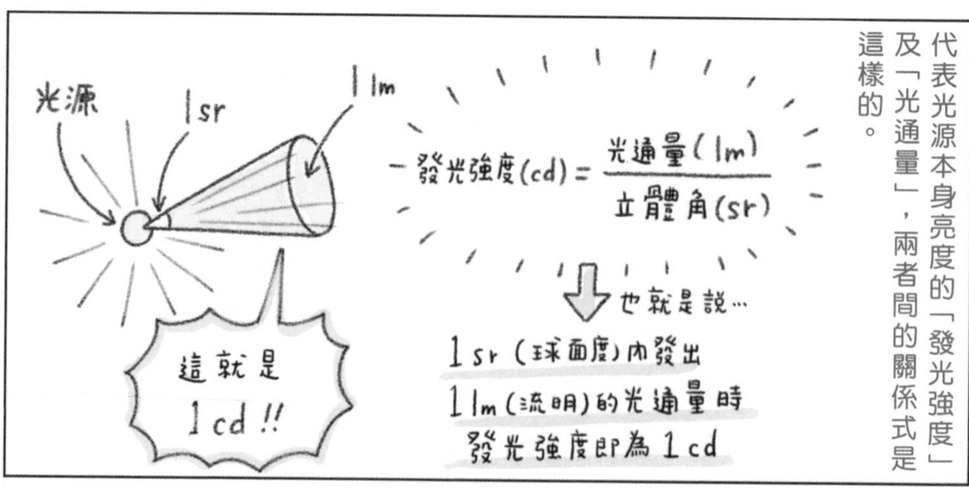

代表光源本身亮度的「發光強度」及「光通量」，兩者間的關係式是這樣的。
光源
1sr
1lm
發光強度(cd)＝光通量(lm)／立體角(sr)
這就是1cd!!
也就是說…
1sr（球面度）內發出
1lm（流明）的光通量時
發光強度即為1cd

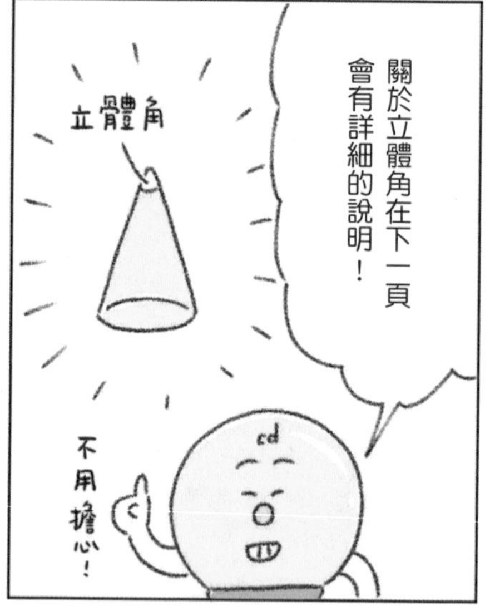

關於立體角在下一頁會有詳細的說明！
立體角
cd
不用擔心！

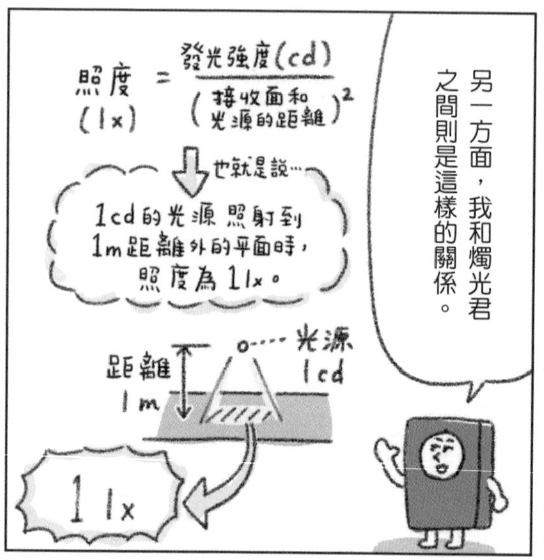

另一方面，我和燭光君之間則是這樣的關係。
照度(lx)＝發光強度(cd)／(接收面和光源的距離)²
也就是說…
1cd的光源 照射到1m距離外的平面時，照度為1lx。
距離1m
光源1cd
1lx

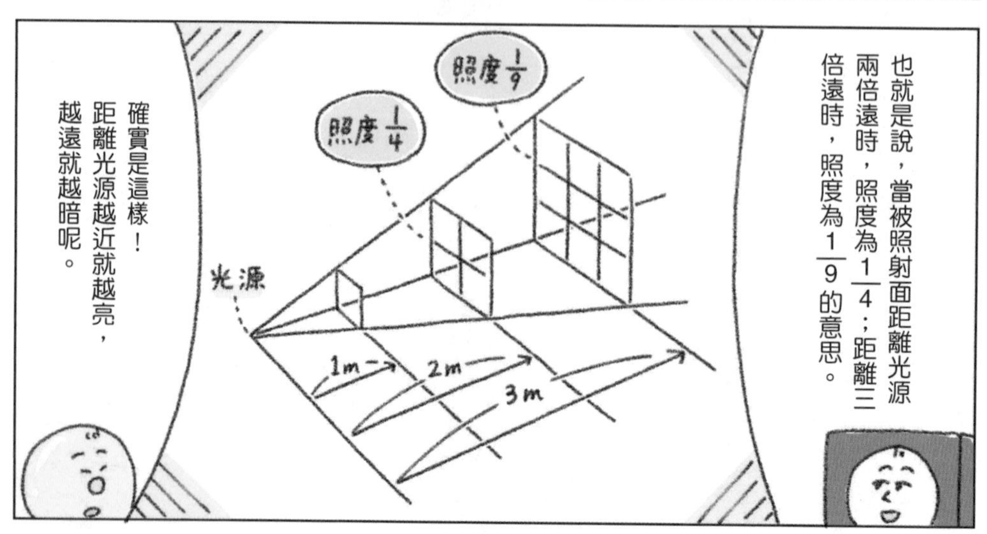

也就是說，當被照射面距離光源兩倍遠時，照度為1/4；距離三倍遠時，照度為1/9的意思。
照度1/9
照度1/4
光源
1m
2m
3m
確實是這樣！距離光源越近就越亮，越遠就越暗呢。

順帶一提，室外的照度大約是這個數值。

陰天
30000 lx

晴朗無雲
100000 lx

只有星光的夜晚
0.02 lx

滿月的夜晚
0.2 lx

白天和夜晚簡直天差地別！

太陽果然不是蓋的！

勞動安全衛生法

讓我瞧瞧

精密作業：300 lx以上

消防法

電影院走道的避難引導燈：0.2 lx以上

另外，法律還規定了各種設施和室內照明的最低標準照度。

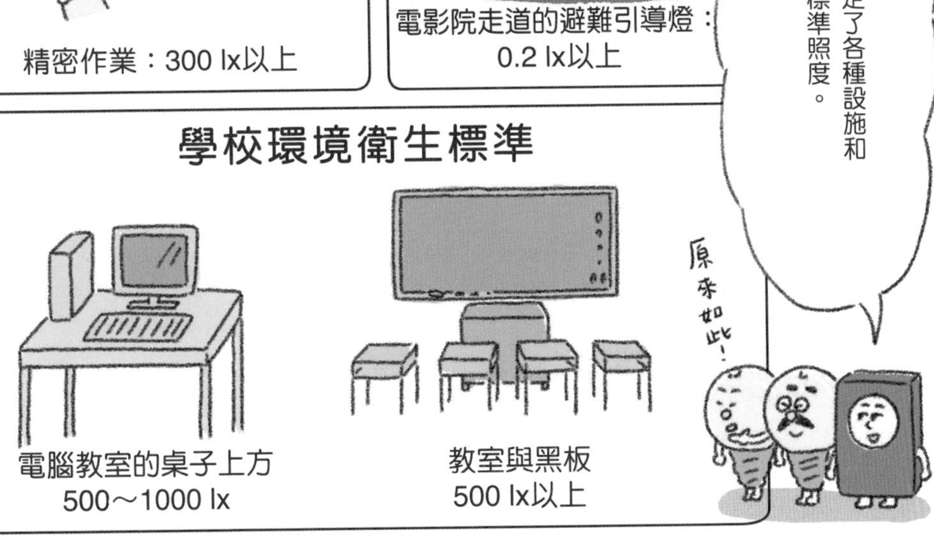

平面角與立體角

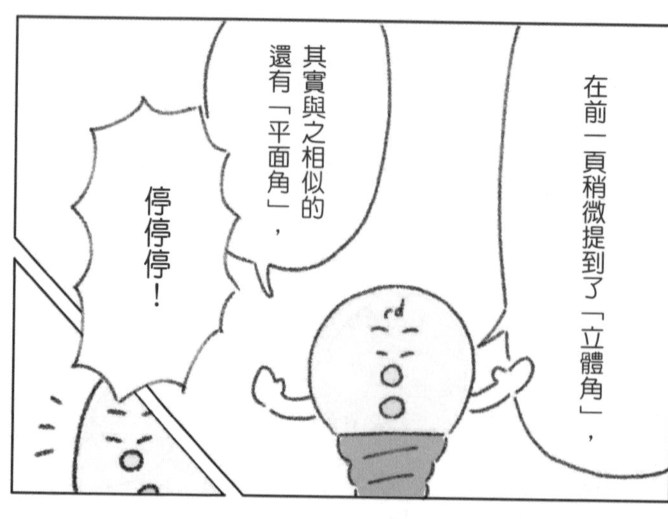

在前一頁稍微提到了「立體角」，
其實與之相似的還有「平面角」，
停停停！

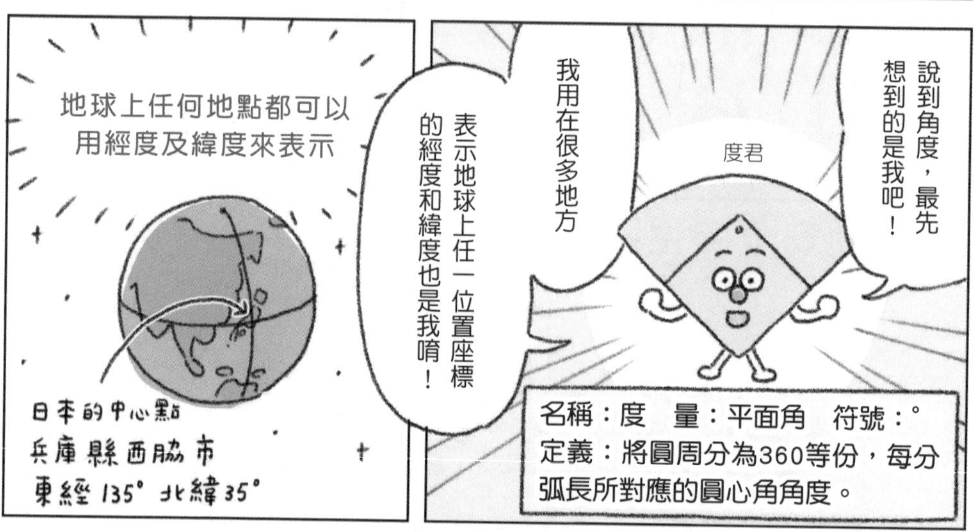

說到角度，最先想到的是我吧！
度君
我用在很多地方
表示地球上任一位置座標的經度和緯度也是我唷！
名稱：度　量：平面角　符號：°
定義：將圓周分為360等份，每分弧長所對應的圓心角角度。
地球上任何地點都可以用經度及緯度來表示
日本的中心點
兵庫縣西脇市
東經135° 北緯35°

雖然這個「度」確實非常普遍，但它並非SI單位。
是SI並用單位呀～
反正可以並用，你就別在意了。
算了算了

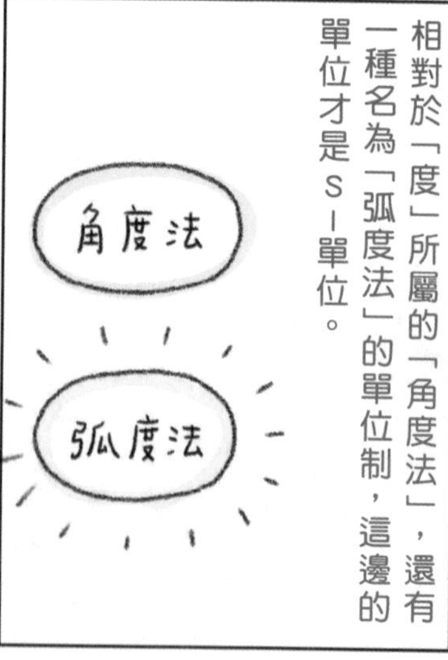

相對於「度」所屬的「角度法」，還有一種名為「弧度法」的單位制，這邊的單位才是SI單位。
角度法
弧度法

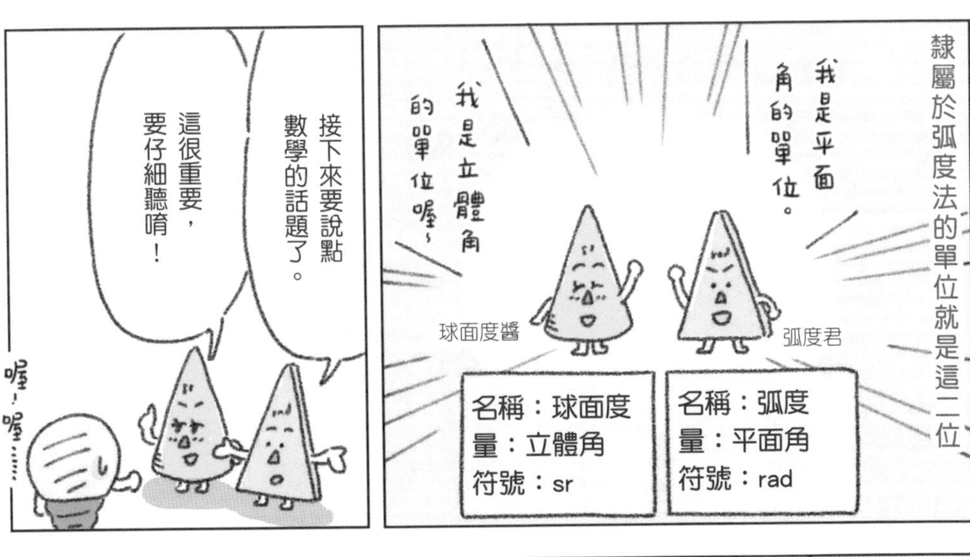

隸屬於弧度法的單位就是這二位
我是平面角的單位。
我是立體角的單位喔~
球面度醬
弧度君
名稱：弧度
量：平面角
符號：rad
名稱：球面度
量：立體角
符號：sr
接下來要說點數學的話題了。
這很重要，要仔細聽唷！
喔！喔……

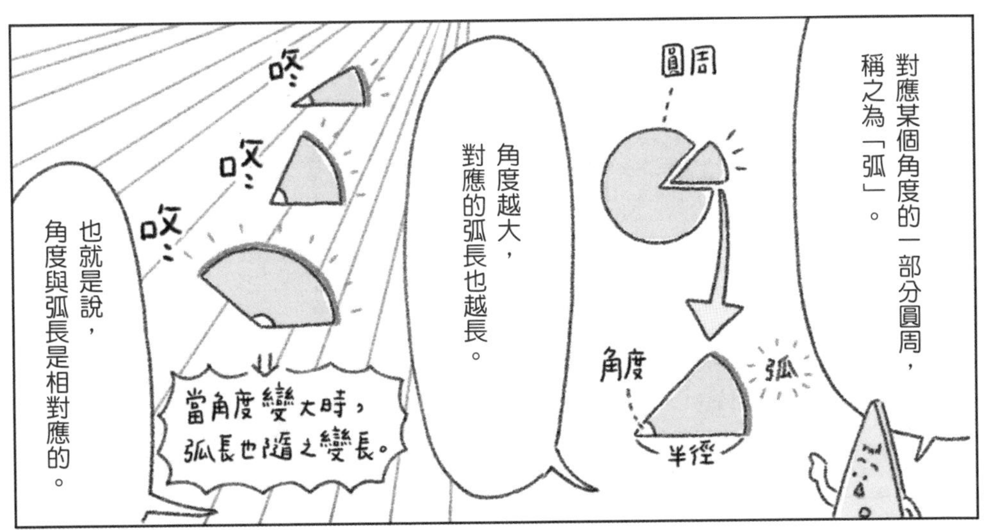

對應某個角度的一部分圓周，稱之為「弧」。
圓周
角度
弧
半徑
角度越大，對應的弧長也越長。
咚
咚
咚
當角度變大時，弧長也隨之變長。
也就是說，角度與弧長是相對應的。

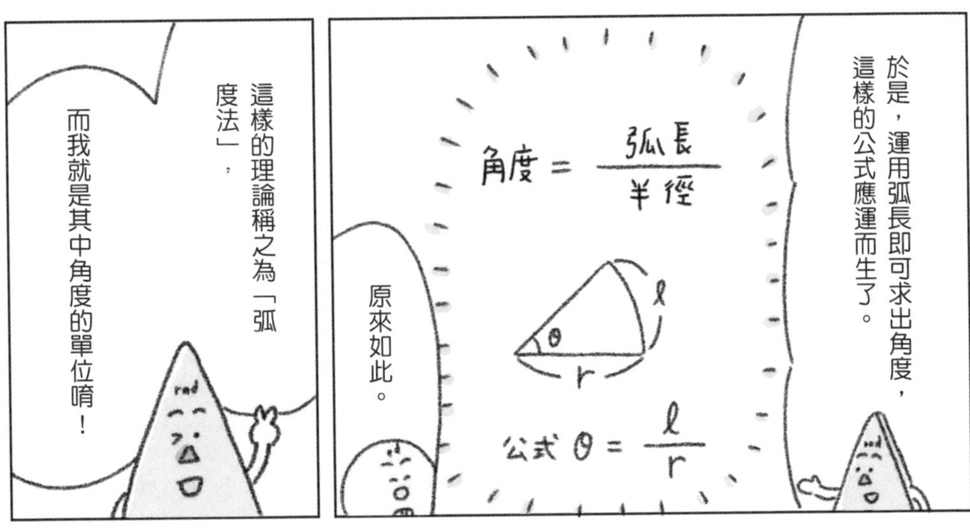

於是，運用弧長即可求出角度，這樣的公式應運而生了。
角度 = 弧長 / 半徑
θ
ℓ
r
公式 θ = ℓ / r
原來如此。
這樣的理論稱之為「弧度法」，
而我就是其中角度的單位唷！

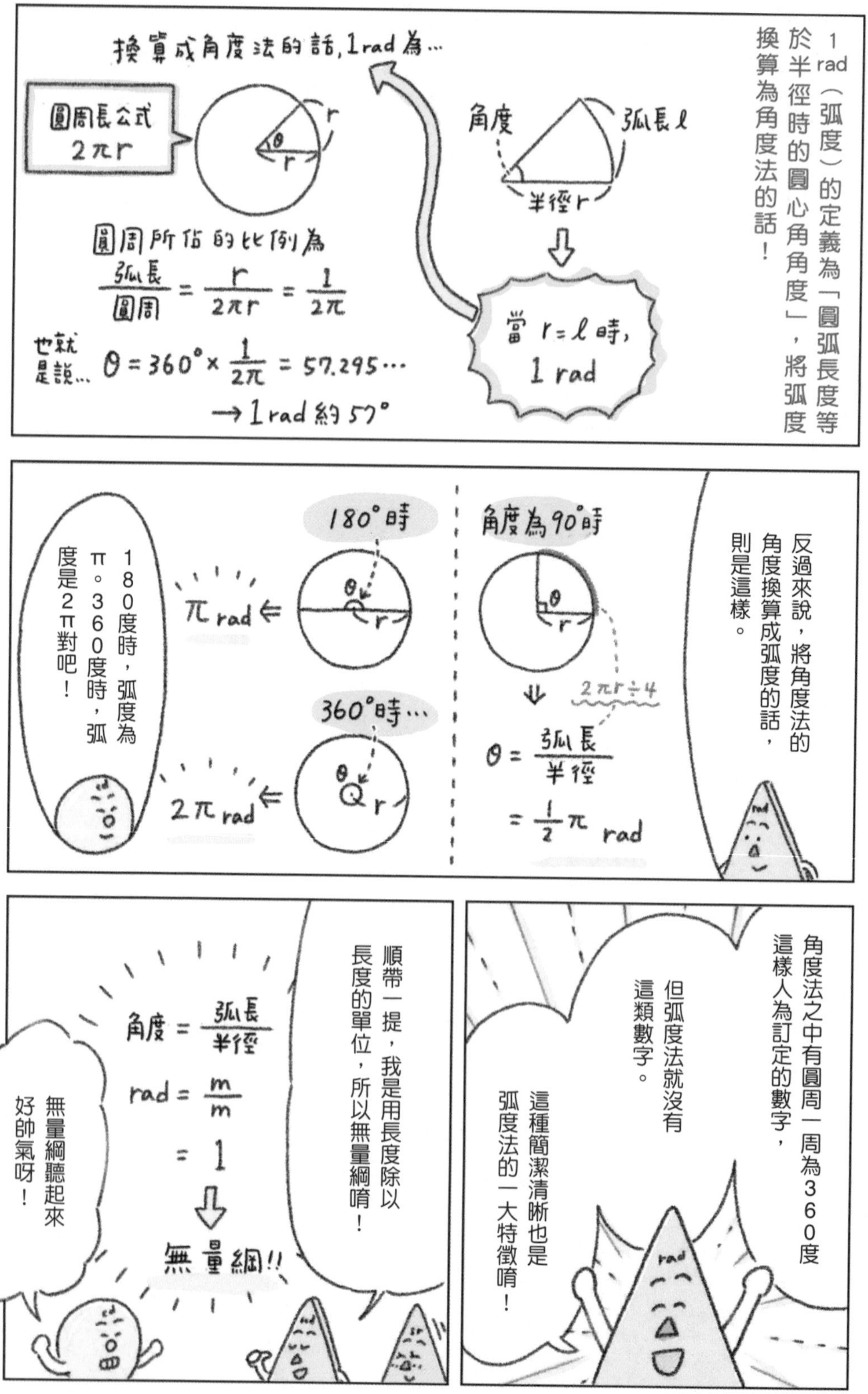

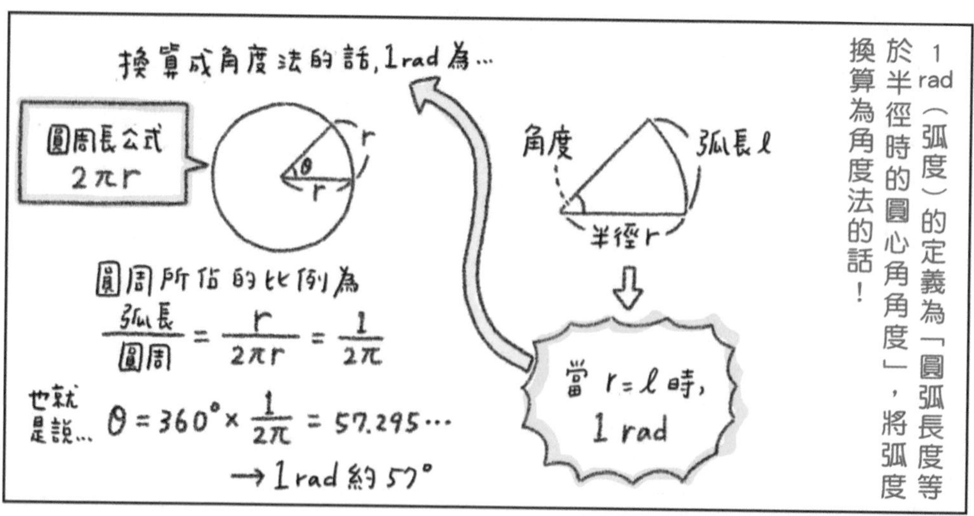

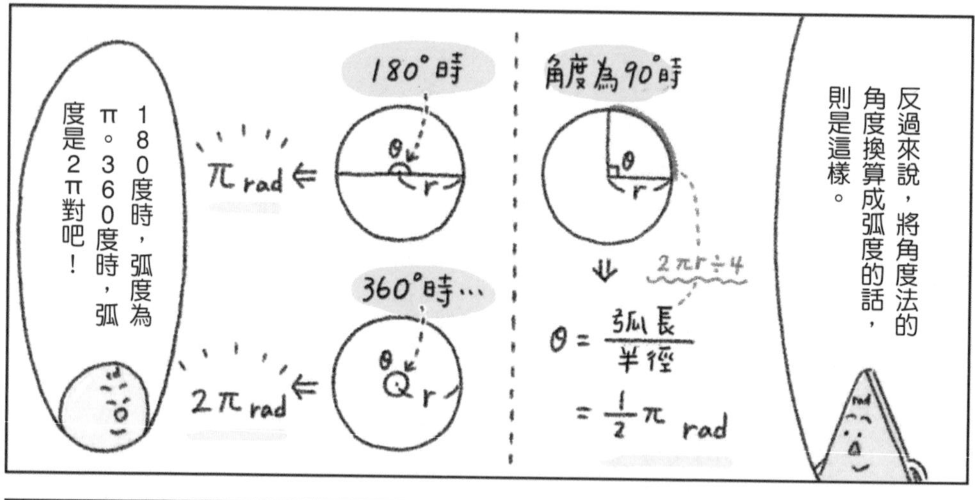

角度法之中有圓周一周為360度這樣人為訂定的數字，

但弧度法就沒有這類數字。

這種簡潔清晰也是弧度法的一大特徵唷！

順帶一提，我是用長度除以長度的單位，所以無量綱唷！

$角度=\frac{弧長}{半徑}$

$rad=\frac{m}{m}$

$=1$

⇩

無量綱!!

無量綱聽起來好帥氣呀！

那麼接下來是立體角的說明唷！

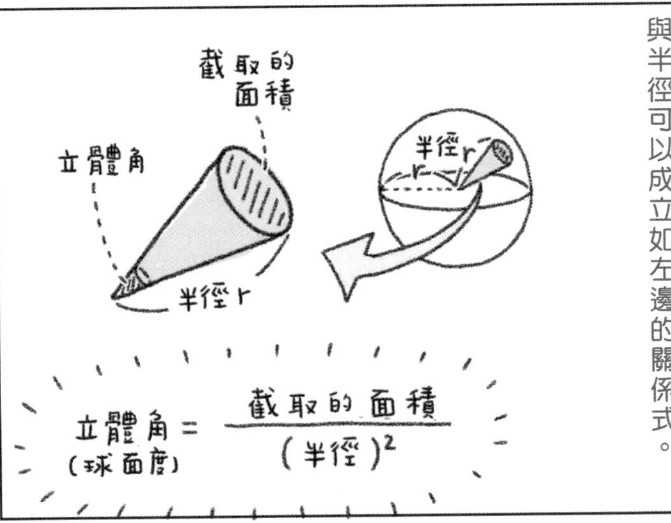
立體角是平面角（弧度）的立體版，與半徑可以成立如左邊的關係式。
截取的面積
立體角
半徑r
半徑r
r
立體角＝
（球面度）
截取的面積
（半徑）²

我的特點就是，可以表示圓錐的頂點是寬或窄，也就是圓錐尖銳的程度。
立體角
大
＜
中
＜
小
立體角就是圓錐的尖銳程度!!

而且，我也出現在燭光君的定義中唷！
這裡的立體角也運用到球面度!!
光源
感謝你的關照！

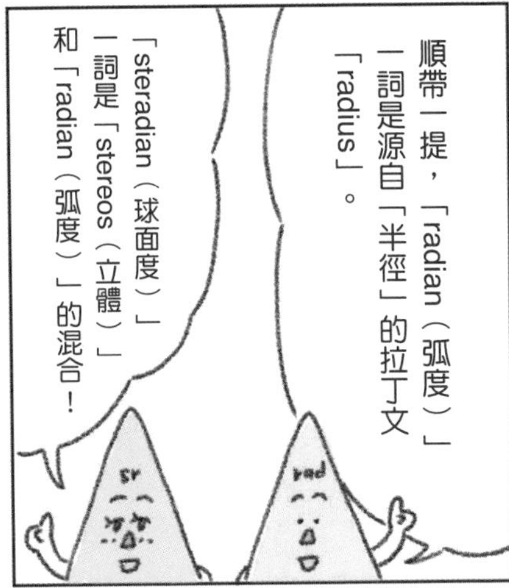
順帶一提，「radian（弧度）」一詞是源自「半徑」的拉丁文「radius」。
「steradian（球面度）」一詞是「stereos（立體）」和「radian（弧度）」的混合！

燭光君的定義

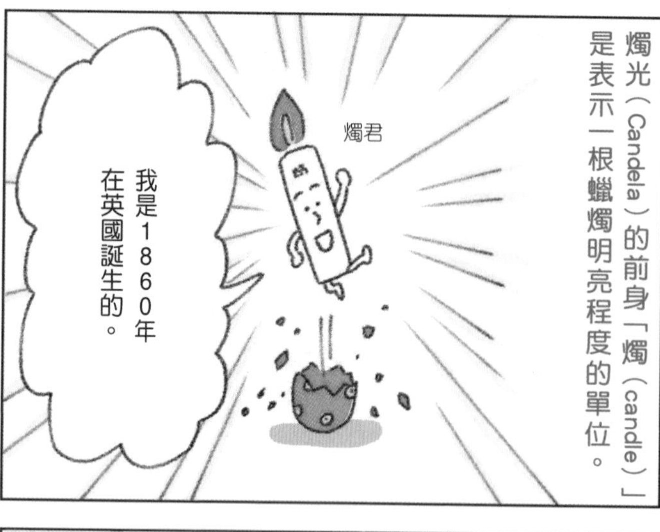

燭光（Candela）的前身「燭（candle）」是表示一根蠟燭明亮程度的單位。
燭君
我是1860年在英國誕生的。

因此，光強度單位「燭光」的亮度，幾乎等同一根蠟燭的亮度。
1cd ≒ 1燭

現在燭光的定義是這樣的：

頻率為540兆赫茲之單色輻射光源，在給定方向的輻射強度為1/683瓦特每單位立體角(W/sr)時，則該方向的發光強度為1燭光。

乍看之下好複雜呀～

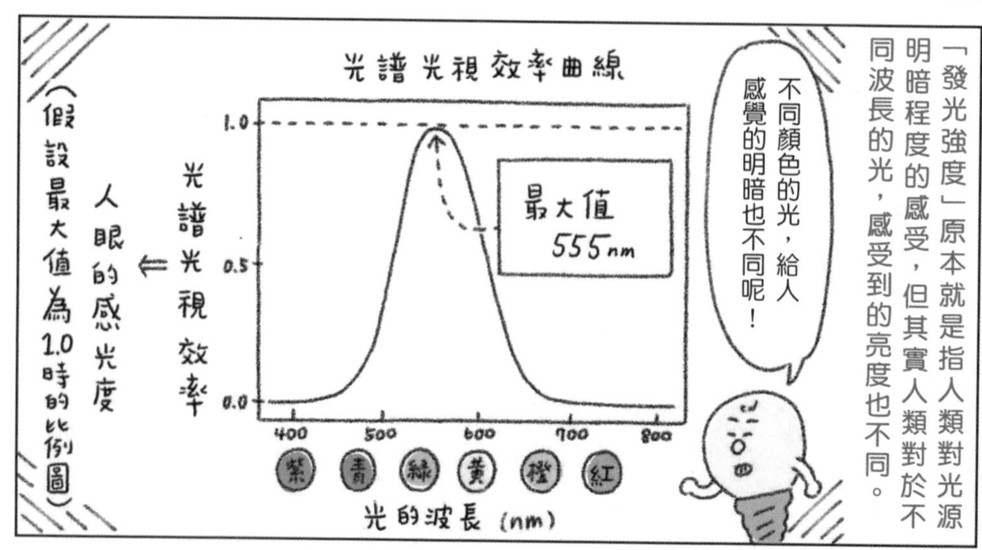

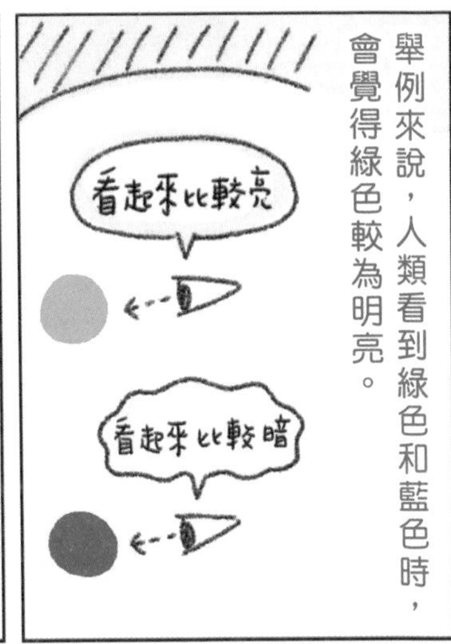

燭光定義中的「540兆赫茲之單色輻射光源」，換個方式說就是「波長555nm的光」，也就是指人眼感光度最高的綠色光。

$$波長 = \frac{光速}{頻率}$$ 所以

540 THz的單色光

$$波長 = \frac{299792458\ m}{540 \times 10^{12}\ Hz}$$

$$= 555.171\ldots \times 10^{-9}$$

$$\fallingdotseq 555 \times 10^{-9}\ m$$

⇓

555 nm（綠色）

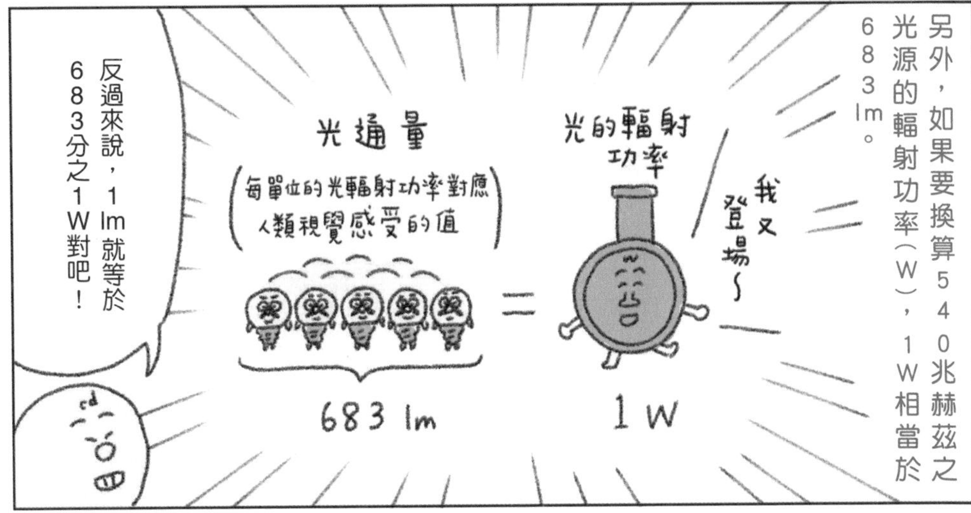

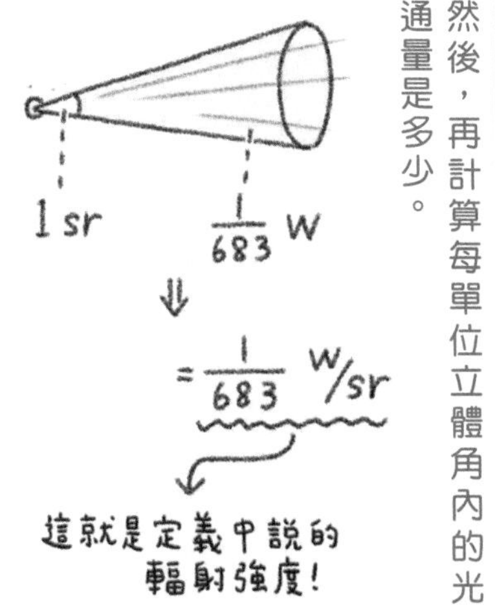

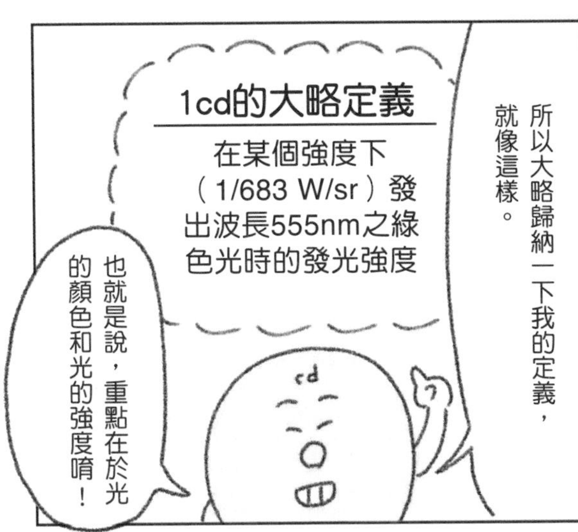

燭光君小檔案

單位符號 **cd**

定義

頻率為540兆赫茲之單色輻射光源，在給定方向的輻射強度為1/683瓦特每單位立體角(W/sr)時，則該方向的發光強度為1燭光。

蠟燭

約1cd

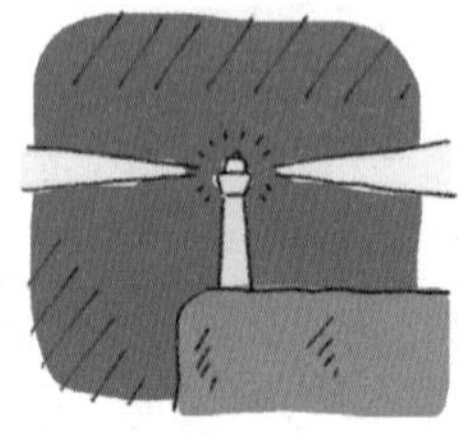

燈塔

約1Mcd

太陽

3×10^{27}cd

光強度範例

小情報	專長	個性
「燭光（Candela）」一詞源自「蠟燭（candle）」	測量發光強度	雖然態度粗魯，但其實是個心地直爽的好孩子。

趣味小漫畫
停電

呀——烏漆抹黑的好恐怖！

？

什麼東西四處飛散啊！這不是撲克牌嗎！燭光君你在幹嘛啦！

我也不想啊！

我記得蠟燭放在這附近。哇！

哐啷！

踩到什麼滑倒了啦！

說起來燭光君你長得那麼像燈泡快發光啊！

我沒有那種功能！

我把撲克牌
撿起來了…
嘿嘿！

第 8 章

物質的量

何謂物質的量

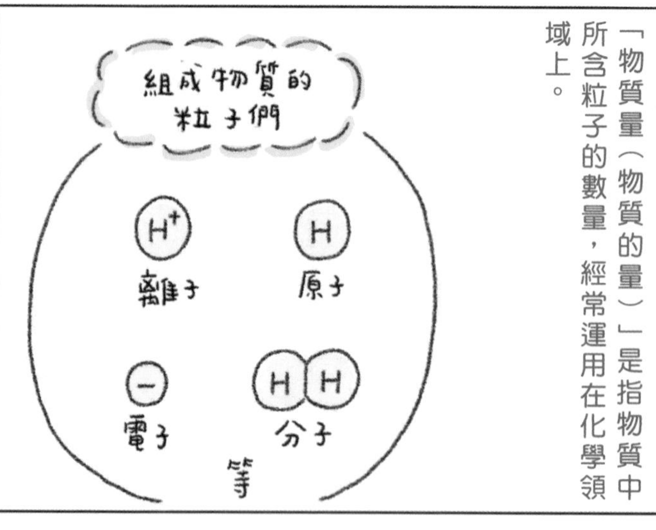
「物質量（物質的量）」是指物質中所含粒子的數量，經常運用在化學領域上。
組成物質的粒子們
H^+
離子
H
原子
–
電子
H H
分子
等

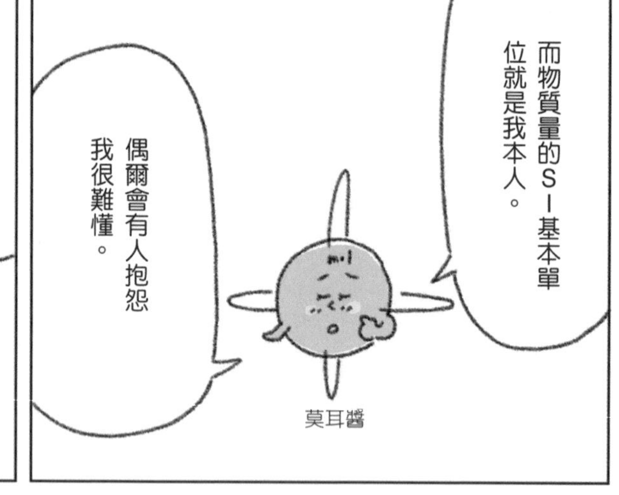
而物質量的SI基本單位就是我本人。
偶爾會有人抱怨我很難懂。
mol
莫耳醬

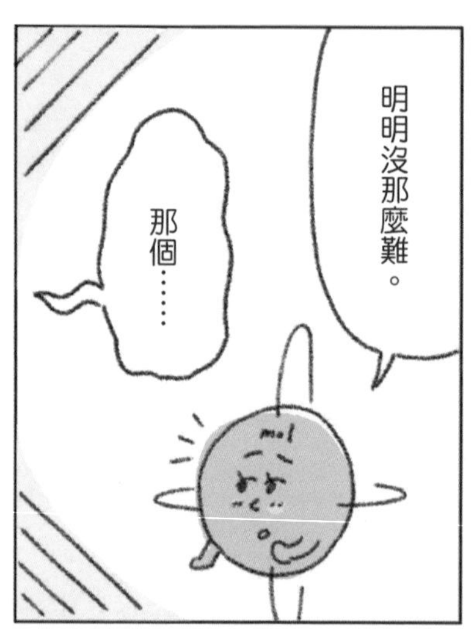
明明沒那麼難。
那個……
mol

其實我也不是很了解。
連你也不了解是要怎麼辦才好!!你也是SI基本單位耶！
走近
cd
mol
燭光君

算了，我現在開始從頭說明，你這次可要搞懂喔！
嘿嘿謝啦！
mol
cd

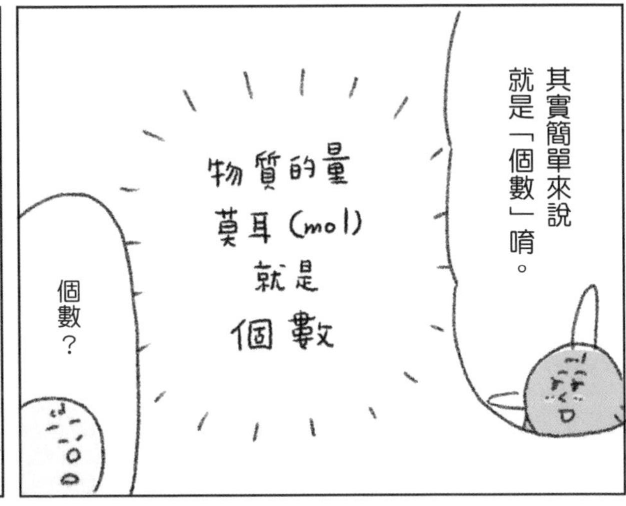
其實簡單來說就是「個數」唷。
物質的量
莫耳(mol)
就是
個數
個數？

沒錯！
化學的世界中，原子和分子的個數是非常重要的。

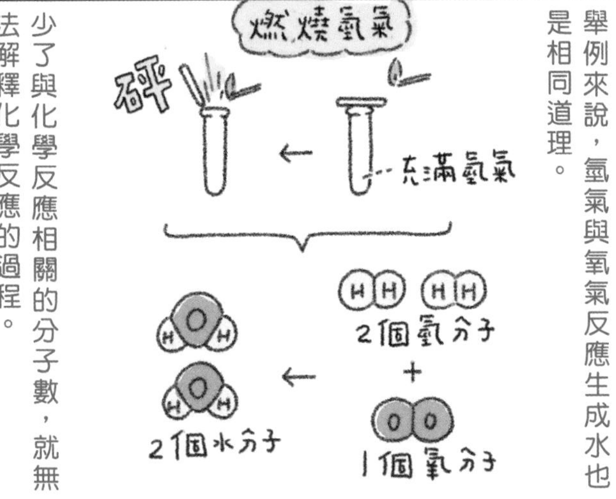
舉例來說，氫氣與氧氣反應生成水也是相同道理。
燃燒氫氣
砰
充滿氫氣
2個氫分子
+
1個氧分子
2個水分子
少了與化學反應相關的分子數，就無法解釋化學反應的過程。

咦？
那直接用1個2個這樣的單位不行嗎？
為什麼非得用莫耳呢？

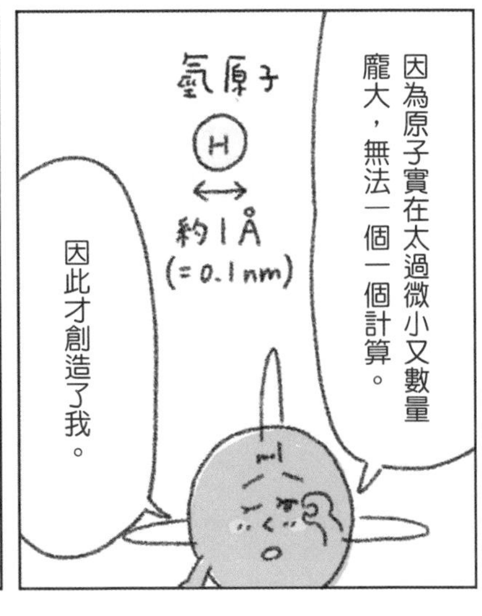
因為原子實在太過微小又數量龐大，無法一個一個計算。
氫原子
H
約1Å
(=0.1nm)
因此才創造了我。

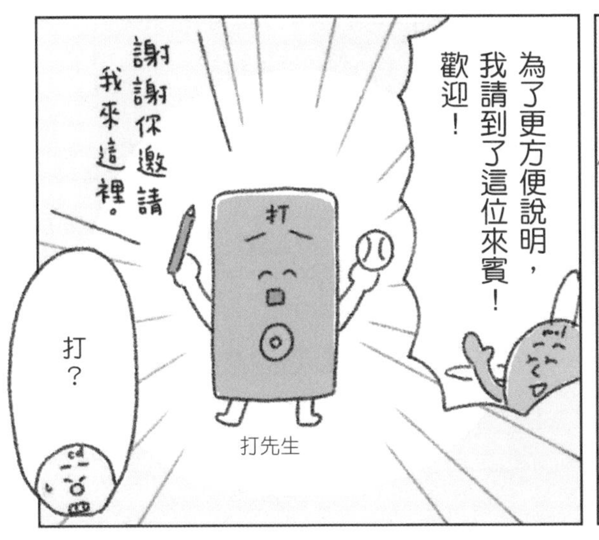
為了更方便說明，我請到了這位來賓！歡迎！
謝謝你邀請我來這裡。
打
打？
打先生

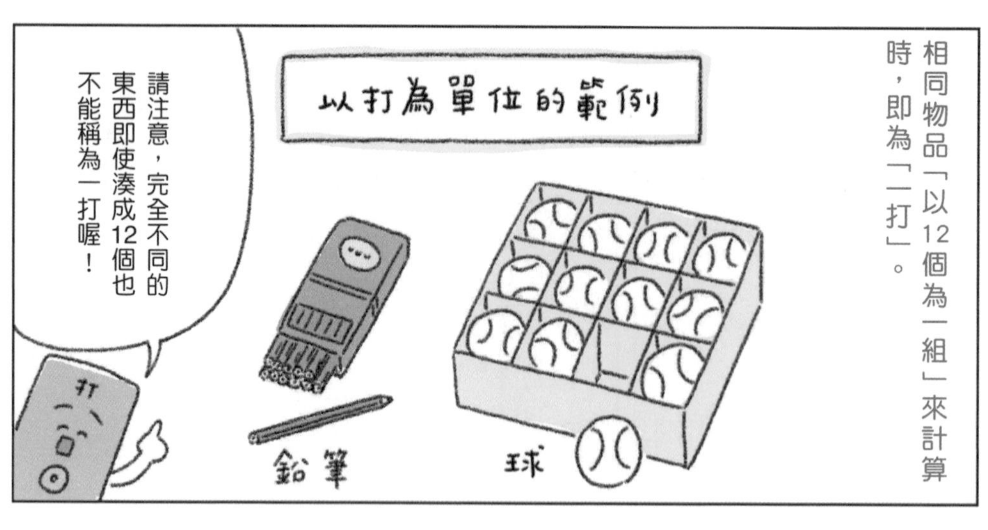

相同物品「以12個為一組」來計算時，即為「一打」。
以打為單位的範例
球
鉛筆
請注意，完全不同的東西即使湊成12個也不能稱為一打喔！
打

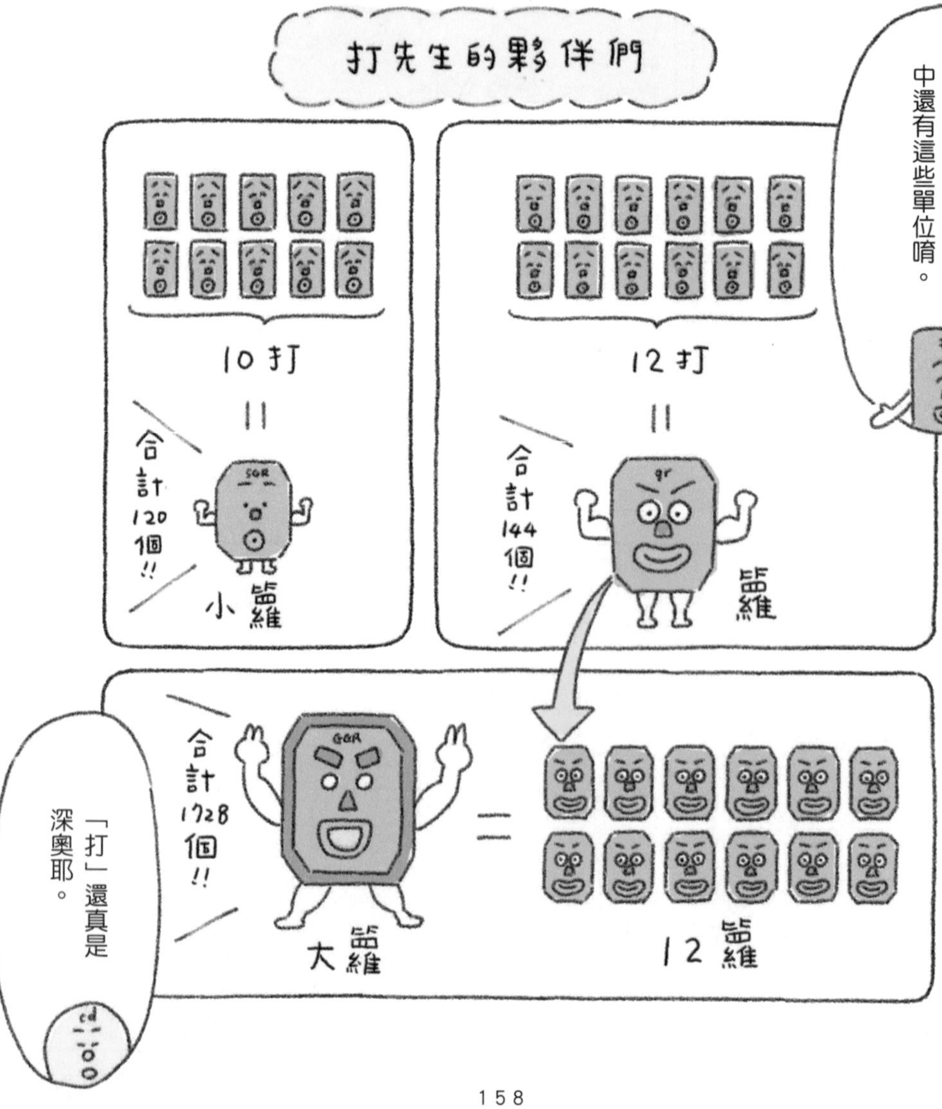

打先生的夥伴們

順帶一提，我的夥伴中還有這些單位唷。

12打
=
合計144個!!
籮

10打
=
合計120個!!
小籮

12籮
=
大籮
合計1728個!!

「打」還真是深奧耶。

我明白「打」這個單位了，
但這跟莫耳醬有什麼關係呀？
其實我也是相同概念，
也就是說，將某個固定數量視為一個整體單位來代表數量。
打的方式
把12個視為一個整體單位
而換成我呢，
這一個整體單位就稱之為亞佛加厥定數。
有這麼多唷！
亞佛加厥數
約6.02×10²³個
這個數量為一個整體單位
好驚人的數字！
然後，就像1打、2打一樣，這個整體單位就稱為1 mol、2 mol。
1 mol
6.02×10²³個
3 mol
看吧？沒有這麼難懂對吧？
原來如此。
那麼接下來就來更詳細的解說我的定義吧！
我也一起聽～

莫耳的定義

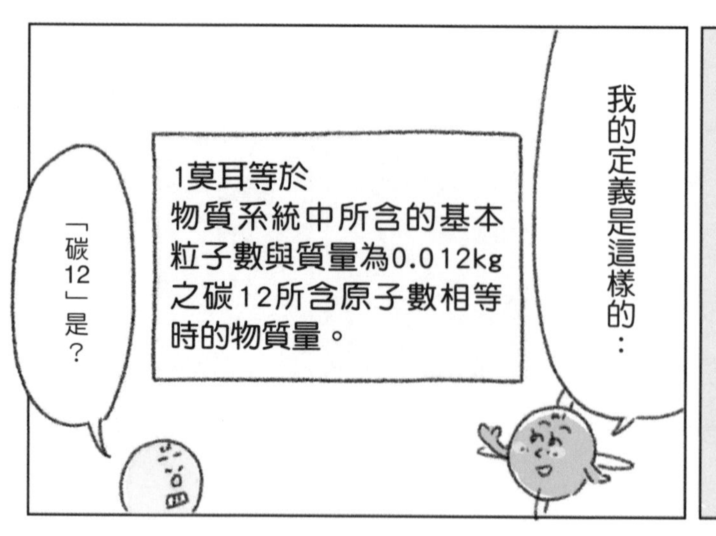
我的定義是這樣的：
1莫耳等於
物質系統中所含的基本
粒子數與質量為0.012kg
之碳12所含原子數相等
時的物質量。
「碳12」是？

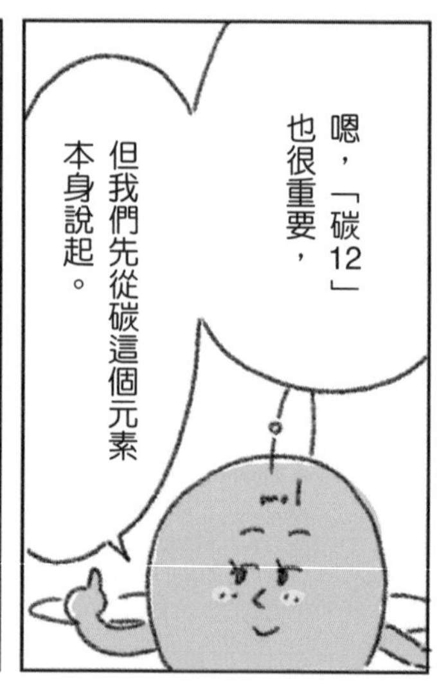
嗯，「碳12」也很重要，
但我們先從碳這個元素本身說起。

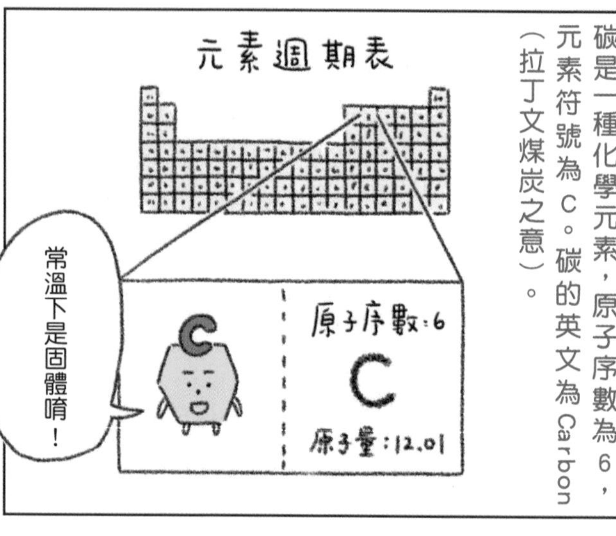
碳是一種化學元素，原子序數為6，元素符號為C。碳的英文為Carbon（拉丁文煤炭之意）。
元素週期表
原子序數：6
C
原子量：12.01
常溫下是固體唷！

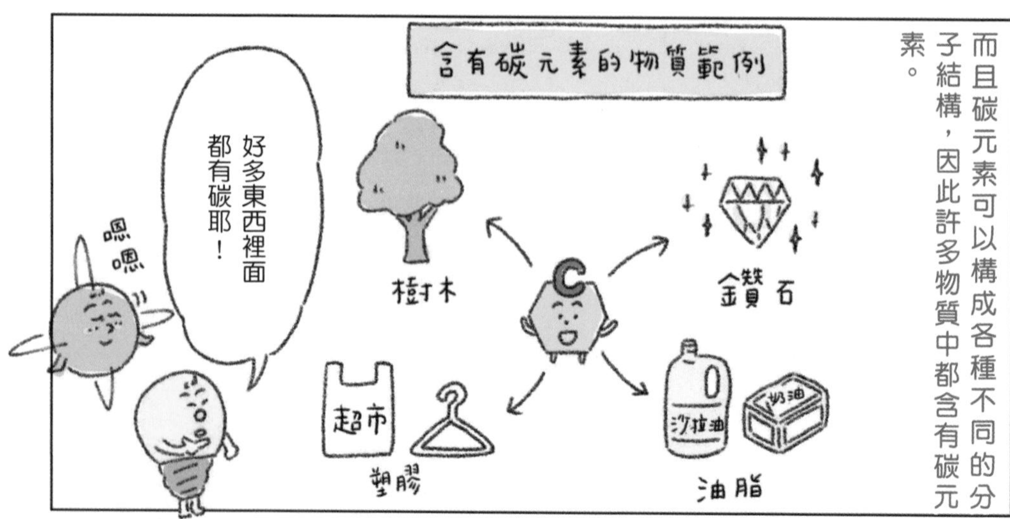
而且碳元素可以構成各種不同的分子結構，因此許多物質中都含有碳元素。
含有碳元素的物質範例
樹木
鑽石
超市
塑膠
沙拉油
奶油
油脂
好多東西裡面都有碳耶！
嗯嗯

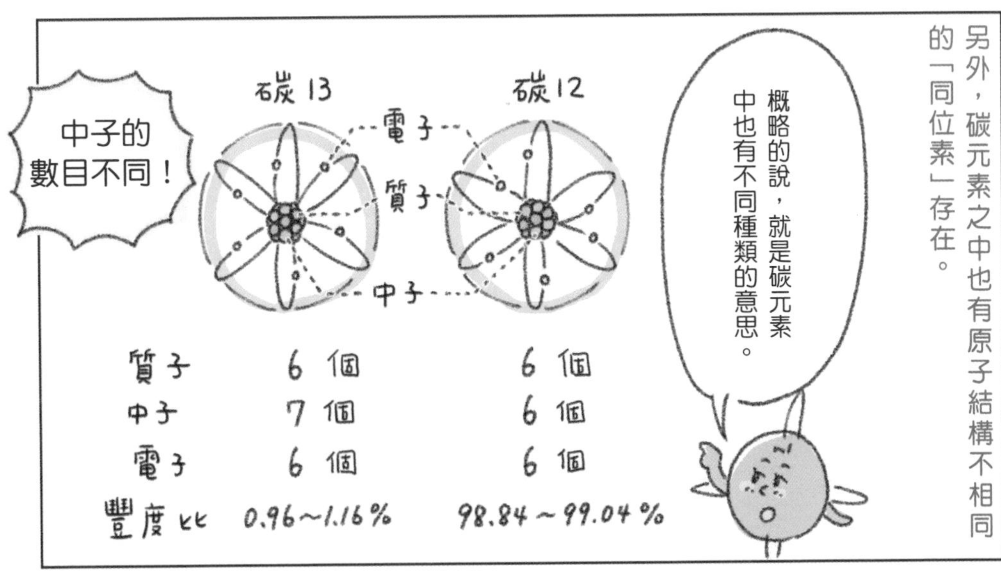

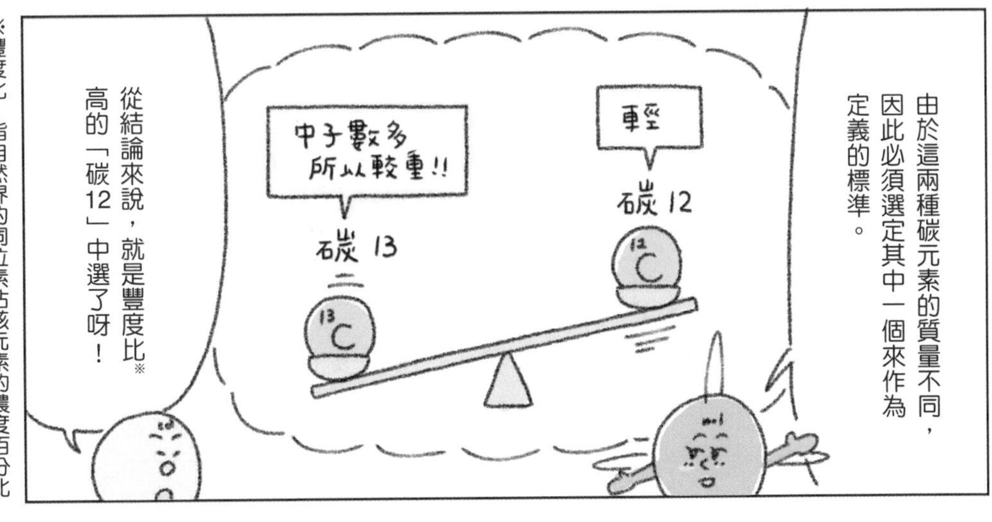

※豐度比：指自然界的同位素佔該元素的濃度百分比

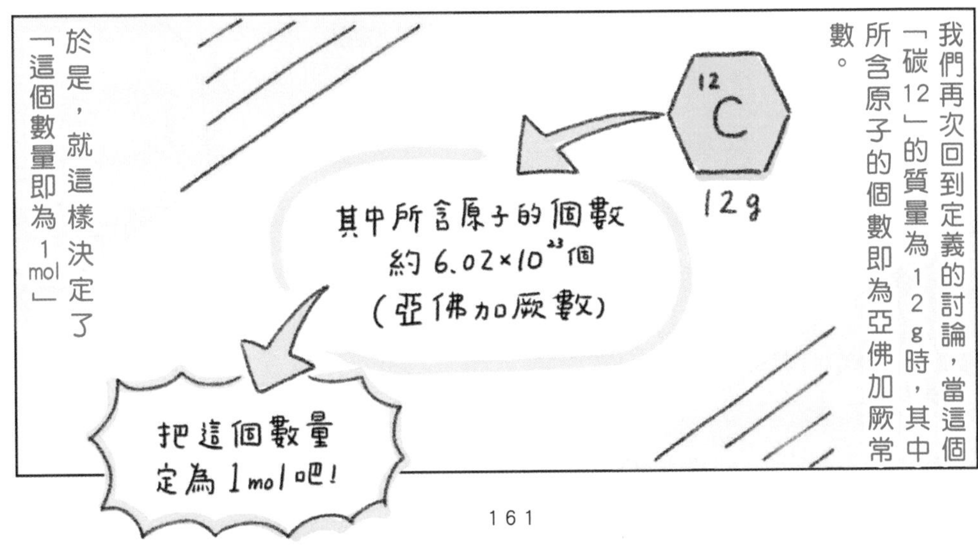

雖然過去我的定義中，並沒有寫明亞佛加厥數的數值，

現在的定義中並無記載亞佛加厥數的數值

↓新定義中

1莫耳包含 $6.02214076 \times 10^{23}$ 個（亞佛加厥數）基本粒子

但在新定義中，將會精確的明定該數值。

莫耳醬小檔案

1日圓硬幣所含的鋁

37mmol

一杯水（180g）
所含的水分子

10mol

東京鐵塔中所含的鐵。

70Mmol

物量範例

單位符號　mol

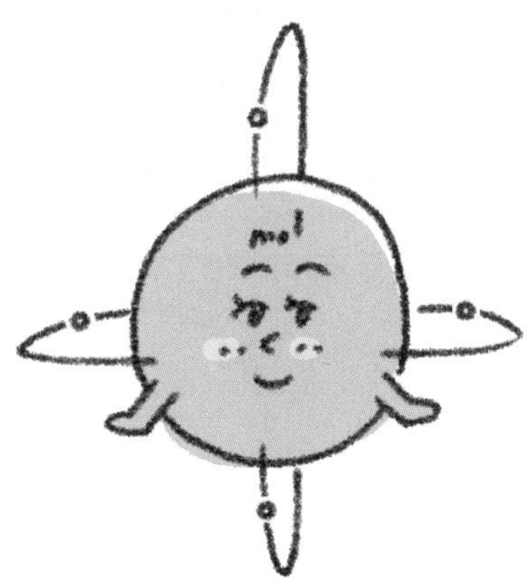

定義

①物質系統中所含的基本粒子數與質量為0.012kg之碳12所含原子數相等時的物質量。

②使用莫耳時，基本粒子應予以界定，可以是原子、分子、離子、電子及其他粒子，或是這些粒子的特定組合。

※1莫耳精確包含6.02214076×10^{23}個基本粒子。
（已於2019年5月20日生效）

小情報	專長	個性
「莫耳」源自molecule（分子之意）。	用看的就能測量物質的量。	意外的愛吐槽。

趣味小漫畫 莫耳醬的專長

還在停電中
不知道什麼時候電才會來耶。
嗯，不過偶爾一次這樣的日子也不錯呀？
確實如此～

啊！說起來，前陣子發生過這種事呢。
嘩—
什麼什麼？恐怖故事？

那天也是突然下起像今天這樣的大雨，於是我跑到屋簷下躲雨。
嘩啦啦…
哎～
全身溼答答～

這時候突然一個全身黑衣服的長髮女子站到我身旁。
嘩啦啦…
突然出現
這個人也沒有帶傘吧！

然後…
嘩—
轉頭！
不過這雨下得可真大，感覺好討厭呀！

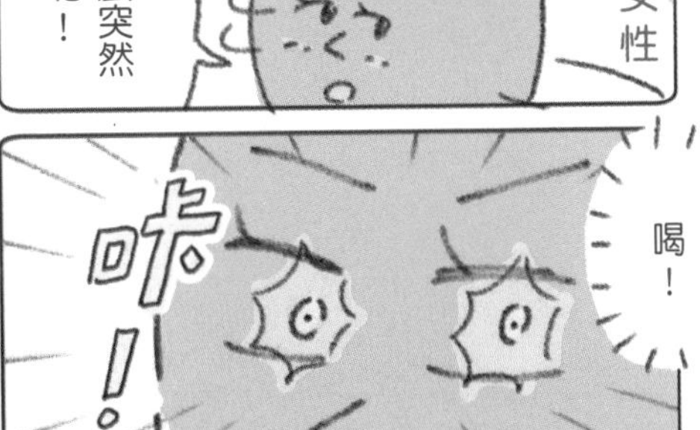
就在我想跟女性搭話時，
轉頭，
這雨下得那麼突然真的很頭痛呢！

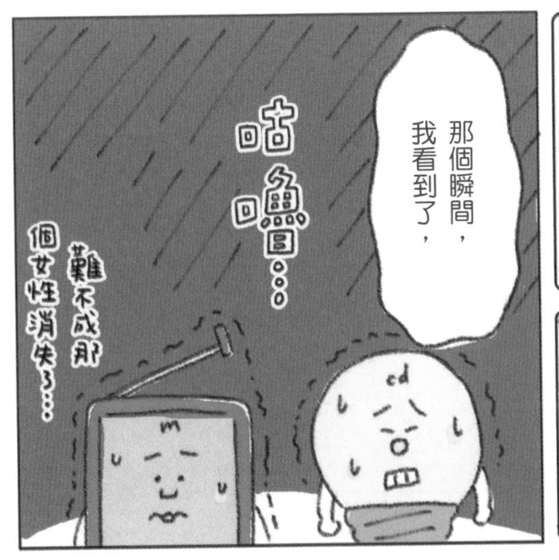
那個瞬間，我看到了，
咕嚕嚕…
難不成那個女性消失了…

喝！
咔！
那個水滴！
嘩啦啦
轉頭
對啊！真的很令人頭痛…
剛剛好
滴答
100 mmol
100mmol耶!!

一滴剛剛好100mmol簡直太湊巧了！
好像會有什麼好事發生一樣，當下興奮的想尖叫！

……
這是，
恐怖故事？

咦？
單純是個很驚訝的經歷。
滑一倒

話說回來，
那個「味」是什麼？
嗚呼呼……
看好了！

第 9 章

番外篇

來去
產綜研玩

參觀產綜研

據說SI七個基本單位中，有四個單位在近期之內極有可能會重新定義。

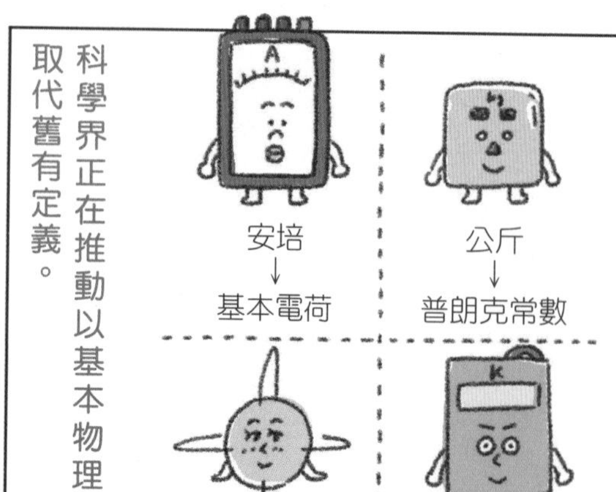

科學界正在推動以基本物理常數※來取代舊有定義。

※表徵物理定律的自然常數。

國際度量衡局
因此，以法國巴黎的國際度量衡局為中心，
世界各國展開了一系列的研究活動。

而日本則以產綜研（產業技術綜合研究所）為主要研究機構。
更精準的說，是裡面的……
啊！

不如我們馬上出發去產綜研。
帶領各位讀者參觀產綜研，你們說怎麼樣呢？
喔喔，好耶！好像很好玩。

那麼我們馬上
出發吧！

看到
建築物了！
嘿呦！
啪嗒！
到了!!
日本國立研究開發法人
產業技術綜合研究所
計量標準綜合中心

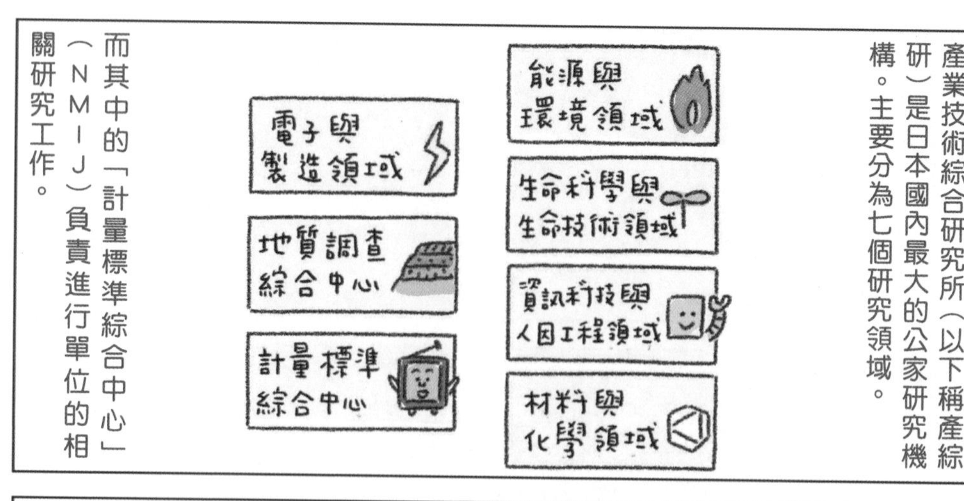

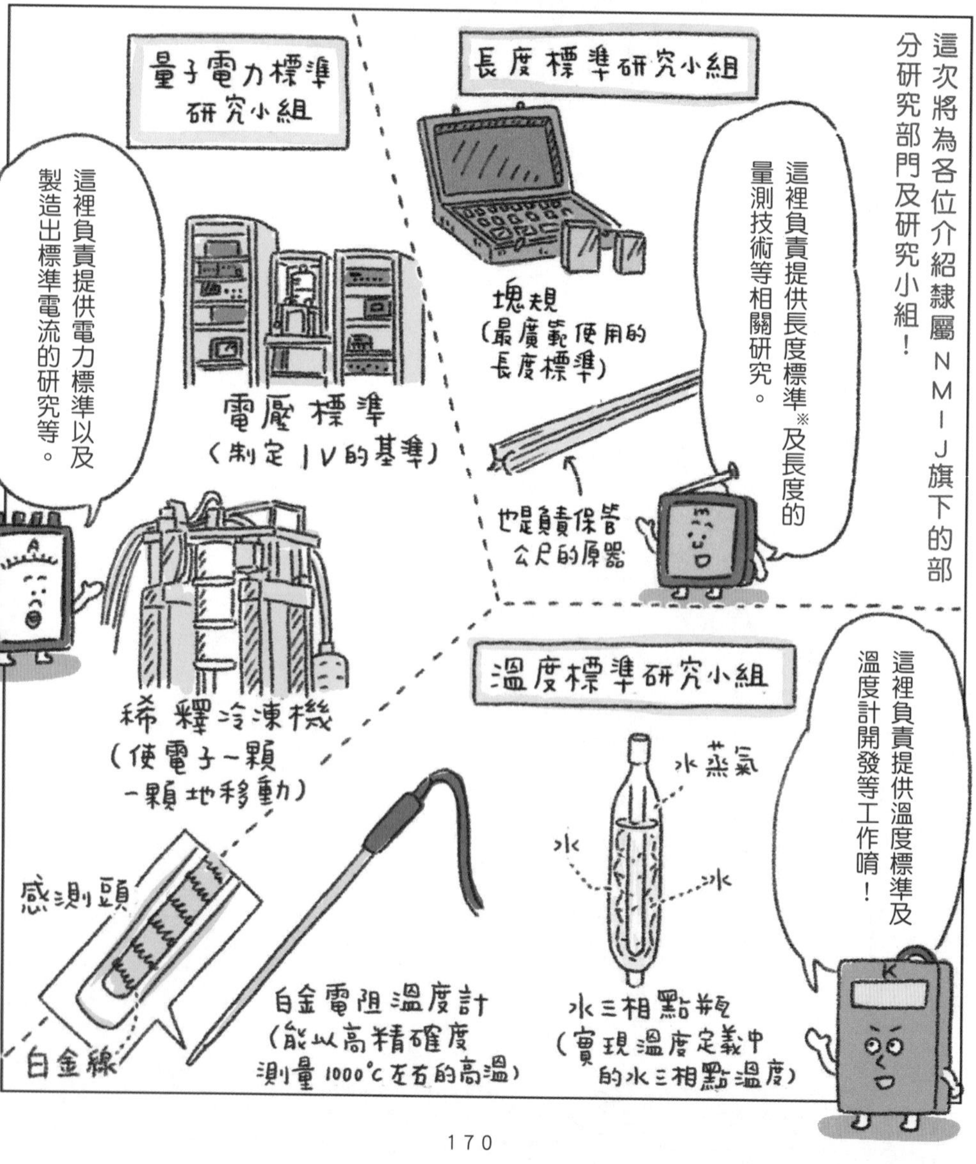

這次將為各位介紹隸屬NMIJ旗下的部分研究部門及研究小組！

長度標準研究小組

這裡負責提供長度標準※及長度的量測技術等相關研究。

塊規（最廣範使用的長度標準）

也是負責保管公尺的原器

量子電力標準研究小組

這裡負責提供電力標準以及製造出標準電流的研究等。

電壓標準（制定1V的基準）

稀釋冷凍機（使電子一顆一顆地移動）

溫度標準研究小組

這裡負責提供溫度標準及溫度計開發等工作唷！

水蒸氣

水

水

水三相點瓶（實現溫度定義中的水三相點溫度）

白金電阻溫度計（能以高精確度測量1000°C左右的高溫）

感測頭

白金線

※基於度量衡標準，進行測量儀器的校正及驗證。

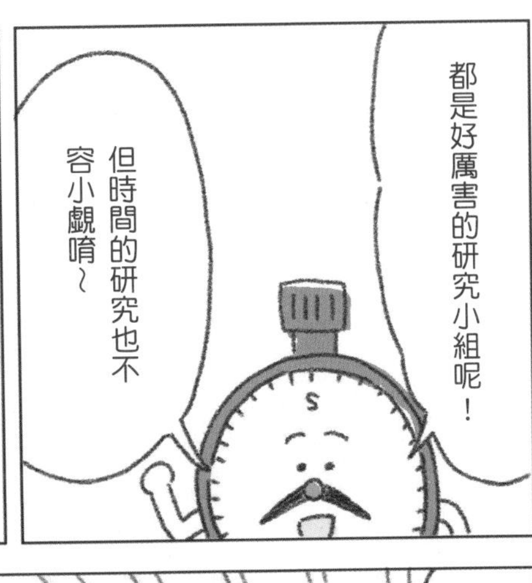
都是好厲害的研究小組呢！
但時間的研究也不容小覷唷~

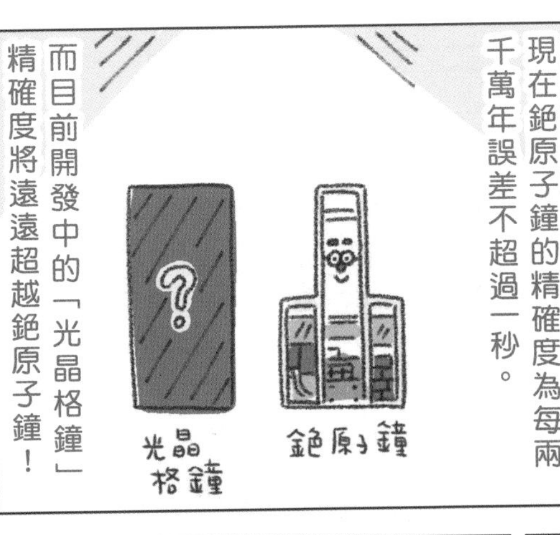
現在銫原子鐘的精確度為每兩千萬年誤差不超過一秒。
而目前開發中的「光晶格鐘」精確度將遠遠超越銫原子鐘！
銫原子鐘
光晶格鐘

精確度高達每三百億年誤差不超過一秒差！
哇喔喔！

時間標準研究
光晶格鐘就在這間房間裡唷！
請進！

噹—
咦，這個就是光晶格鐘？
看起來就是一般時鐘呀！

噹！
噹！
哈哈哈
哈哈哈，鬧了一個大烏龍。
這整個房間就是一個光晶格鐘。

那個是一般的擺鐘。
在這兒，在這兒。

喔！喔喔！

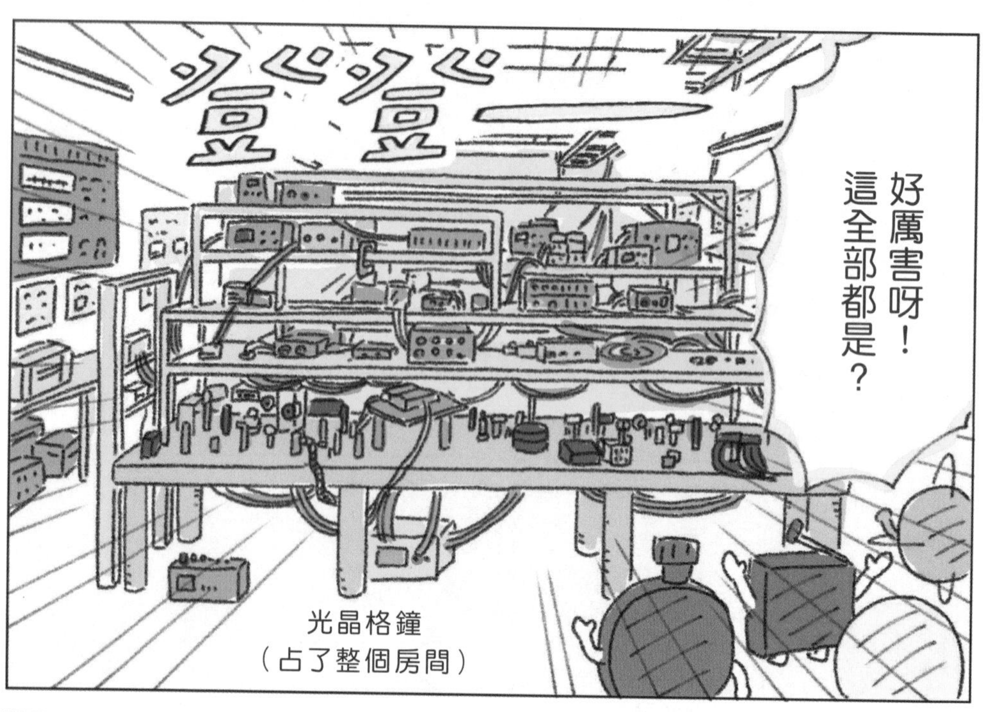
豆豆——
好厲害呀！
這全部都是？
光晶格鐘
（占了整個房間）

這個光晶格鐘的原理，是將約一百萬個鐿原子一顆一顆封閉在光晶格之中。
光晶格意象圖
鐿原子
雷射製成的容器（光晶格）
藉由讀取原子的振動次數（約518兆Hz）來計算出一秒的時間。

也因為這個時鐘超越現有水準的高精確度，科學家想出了許多應用方法。
其中之一就是利用廣義相對論（重力不同產生時間快慢差）的原理製成的重力波探測器。

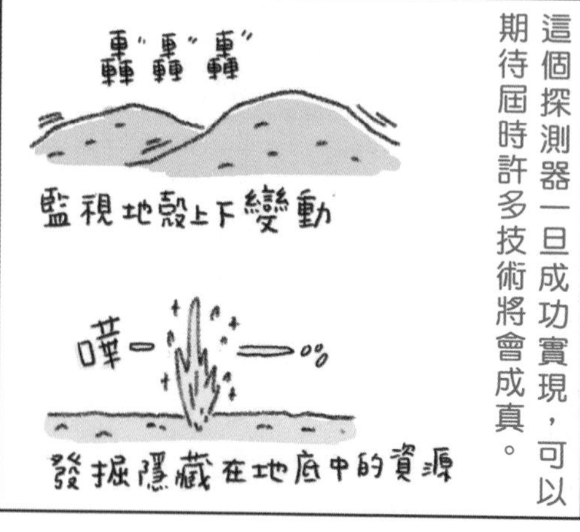
這個探測器一旦成功實現，可以期待屆時許多技術將會成真。
轟轟轟
監視地殼上下變動
嘩——
發掘隱藏在地底中的資源

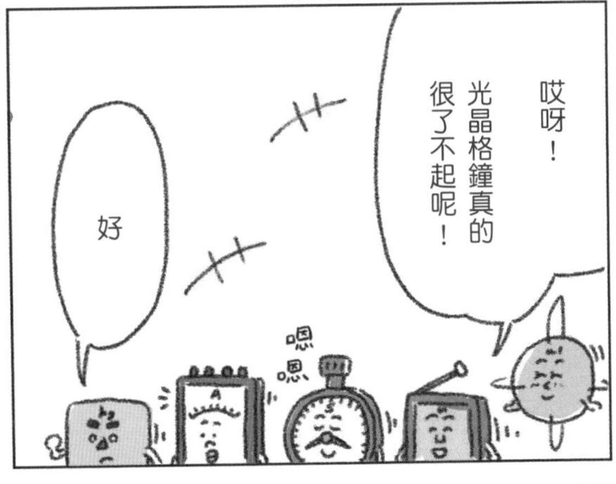
哎呀！光晶格鐘真的很了不起呢！
好
嗯嗯

我就來介紹「那個」吧！

難，難不成是……

日本公斤原器!!
哇喔！

日本公斤原器是十九世紀末葉時，分配給日本的國際公斤原器複製品。
凜然肅穆
它是日本國內質量標準的最高指標，全日本絕無僅有的超級貴重物品。

喀噔
喀噔
喀噔

踏—
到了！

咚！
戒備森嚴耶！
就在這裡面對吧！

轟隆隆隆

咚咚——
來吧！
從明治時代用到現在的保險櫃

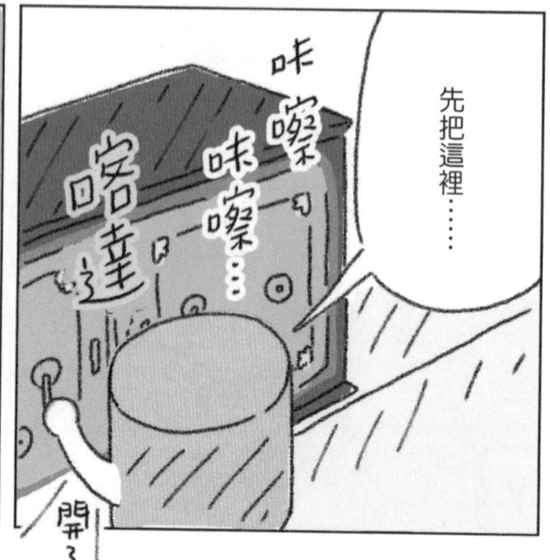
先把這裡……
咔嚓
咔嚓咔嚓…
喀達
開了

嘰啊——……
咕嚕…

※依照當時日本廣泛使用的單位「貫」所訂製。

魚貫而過
看到好多東西呢～
真有趣～
這本書也差不多到了尾聲了。
如果大家因此對單位產生一些興趣我會很開心的。
kg
m
再見了，各位～
bye bye!!。
AIST Tsukuba Central 3
K
S
A

結束?是假裝的啦!
其實下一頁還有
內容呢~
哎哎?
不是
bye
bye
了嗎?

〔體積〕

	m^3	L	dL	cm^3
$1m^3$	1	1000	10000	1000000 （100萬）
1L	0.001	1	10	1000
1dL	0.0001	0.1	1	100
$1cm^3$（=1mL）	0.000001 （100萬分之1）	0.001	0.01	1

〔質量〕

	t	kg	g	mg
1t	1	1000	1000000 （100萬）	1000000000 （10億）
1kg	0.001	1	1000	1000000 （100萬）
1g	0.000001 （100萬分之1）	0.001	1	1000
1mg	0.000000001 （10億分之1）	0.000001 （100萬分之1）	0.001	1

〔速度〕

	km/h	m/h	m/min	m/s
1km/h	×1	×1000	÷0.06	÷3.6
1m/h	÷1000	×1	÷60	÷3600
1m/min	×0.06	×60	×1	÷60
1m/s	×3.6	×3600	×60	×1

中小學生適用

單位換算表

節選了一些基本單位唷!

〔長度〕

	km	m	cm	mm	μm
1km	1	1000	100000 （10萬）	1000000 （100萬）	1000000000 （10億）
1m	0.001	1	100	1000	1000000 （100萬）
1cm	0.00001 （10萬分之1）	0.01	1	10	10000
1mm	0.000001 （100萬分之1）	0.001	0.1	1	1000
1μm	0.000000001 （10億分之1）	0.000001 （100萬分之1）	0.0001	0.001	1

〔面積〕

	km^2	ha	a	m^2	cm^2
1km^2	1	100	10000	1000000 （100萬）	10000000000 （100億）
1ha	0.01	1	100	10000	100000000 （1億）
1a	0.0001	0.01	1	100	1000000 （100萬）
1m^2	0.000001 （100萬分の1）	0.0001	0.01	1	10000
1cm^2	0.0000000001 （100億分之1）	0.00000001 （1億分之1）	0.000001 （100萬分之1）	0.0001	1

攝氏溫度君
→P.111

公分君
→P.38

大籮
→P.158

打先生
→P.157

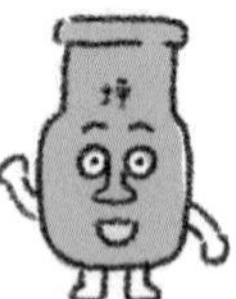
坪君
→P.45

度君
→P.146

斗兄
→P.49

公噸哥
→P.88

奈克君
→P.88

奈米君
→P.38

牛頓君
→P.96

節先生
→P.74

帕斯卡醬
→P.98

巴君
→P.99

日大叔
→P.72

秒大叔
→P.64

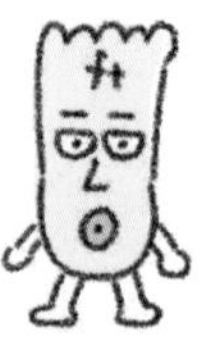
英呎君
→P.39

分大叔
→P.72

公頃君
→P.45

百帕斯卡哥
→P.99

赫茲君
→P.73

伏特醬
→P.127

磅先生
→P.89

微克君
→P.88

微米叔
→P.38

毫克君
→P.88

毫米君
→P.38

公尺君
→P.36

莫耳醬
→P.163

匁兄
→P.89

碼君
→P.39

弧度君
→P.147

公升君
→P.47

勒克斯君
→P.142

流明大哥
→P.142

瓦特君
→P.101

角色索引

參考文獻

《單位的歷史》Ian Whitelaw，大月書店（2009）

《量測溫度》板倉聖宣，仮說社（2002）

《一公斤的最新量測方法》臼田孝，講談社（2018）

《最新知識 單位與常數的小事典》海老原寛，講談社（2005）

《時鐘的科學》織田一朗，講談社（2017）

《用科學方式輕鬆懂曆法：１週為什麼有７天？２４節氣怎麼來？》片山真人，臺灣東販出版（2014）

《萬物的尺度：一個理想、兩個科學家、七年的測量和一個公制單位的誕生》亞爾德(Ken Alder)，貓頭鷹出版（2005）

《光與電磁力 法拉第與馬克士威的思想》小山慶太，講談社（2016）

《單位的起源》西條敏美，恆星社厚生閣（2009）

《完全搞懂計量標準》產業技術綜合研究所，白日社（2007）

《曆法的歷史》De Bourgoing Jacqueline，創元社（2001）

《單位與記號》白鳥敬，學研プラス（2013）

《天才們創造的單位世界》高橋典嗣（監修），綜合圖書（2016）

《單位辭典》二村隆夫（監修），丸善（2002）

《單位知識王：１０８個你從未想過的單位之謎》星田直彥，楓葉社文化（2016）

《單位的１７１個新知識 一讀就懂的單位系統》星田直彥，講談社（2005）

《溫度的故事》三井清人，日本規格協會（1986）

《新版 電力技術史》山崎俊雄、木本忠昭，オーム社（1992）

《新・搞懂單位就能搞懂物理》和田純夫等，ベレ出版（2014）

上谷夫婦

奈良縣出生，現居神奈川縣。先生原為任職於知名化妝品公司資生堂的前研究員，目前與非理科出身的太太搭檔進行創作。從創作和販售原創角色「燒杯君和他的夥伴」的周邊商品開始，最近也積極從事活用理科知識的插圖工作。主要著作有《燒杯君和他的夥伴》、《燒杯君和他的化學實驗》、《最有梗的理科教室-燒杯君與他的理科小夥伴》、《最有梗的單位教室-公尺君與他的單位小夥伴》、《肥皂超人出擊！》等。最新情報請見twitter@uetanihuhu

少年知識家

最有梗的單位教室
公尺君與他的單位小夥伴

作繪者｜上谷夫婦（うえたに夫婦）
監修｜日本產業技術綜合研究所 計量標準綜合中心
（產業技術 合研究所 計量標準 合センター）
譯者｜李沛栩

責任編輯｜呂育修
特約編輯｜高凌華
封面設計｜陳宛昀
行銷企劃｜劉盈萱

天下雜誌群創辦人｜殷允芃
董事長兼執行長｜何琦瑜
媒體暨產品事業群
總經理｜游玉雪　副總經理｜林彥傑
總編輯｜林欣靜　行銷總監｜林育菁
主編｜楊琇珊　版權主任｜何晨瑋、黃微真

出版者｜親子天下股份有限公司
地址｜台北市104建國北路一段96號4樓
電話｜（02）2509-2800　傳真｜（02）2509-2462
網址｜www.parenting.com.tw
讀者服務專線｜（02）2662-0332 週一~週五：09:00-17:30
傳真｜（02）2662-6048 客服信箱｜parenting@cw.com.tw
法律顧問｜台英國際商務法律事務所 ・ 羅明通律師
製版印刷｜中原造像股份有限公司
總經銷｜大和圖書有限公司　電話：（02）8990-2588

出版日期｜2020年 3 月第一版第一次印行
2024年 9 月第一版第十二次印行

定價｜380元
書號｜BKKKC138P
ISBN｜978957503552-5

國家圖書館出版品預行編目資料

最有梗的單位教室：公尺君與他的單位小夥伴 / 上谷夫婦圖文；李沛栩譯. -- 第一版. --
臺北市：親子天下, 2020.03
184面；17x23公分
ISBN 978-957-503-552-5(平裝)
1.度量衡
331.8　　109000298

訂購服務
親子天下 Shopping｜shopping.parenting.com.tw
海外 ・ 大量訂購｜parenting@cw.com.tw
書香花園｜台北市建國北路二段6巷11號
電話（02）2506-1635
劃撥帳號｜50331356　親子天下股份有限公司

立即購買 >

bye
bye
s
kg
m
這一次真的要
說再見了唷！